Meteorologe Dr. Karsten Brandt

# Stimmen Bauernregeln wirklich?

Cirren (auch Cirruswolken oder Cirrostratuswolken genannt)

Meteorologe
Dr. Karsten Brandt

# Stimmen Bauernregeln wirklich?

## Altes Wetterwissen auf dem Prüfstand

Bassermann

# Inhalt

# Vorwort

*„Wer rät trocken oder nass,*
*der trifft auch mitunter was."*

So denken viele über Bauernregeln oder alte Wetterweisheiten, insbesondere in Zeiten des Klimawandels. Ich möchte Ihnen mit dieser zweiten Auflage des Buches aber zeigen, dass hinter den Bauernregeln mehr steckt als „Raterei".

Viele Bauernregeln haben einen harten Kern und treffen mit großer Genauigkeit zu. Selbst in dem sich verändernden Klima haben die Bauernregeln an Gültigkeit in vielen Fällen nichts verloren. Bauernregeln helfen, Vorhersagen für die nächsten Stunden und über längere Zeiträume zu erstellen. Die moderne Meteorologie ist bis heute nicht in der Lage, Vorhersagen für Wochen oder Monate im Voraus zu erstellen. Viele Bauernregeln lassen uns langfristige Trends der Witterung erkennen.

In dieser zweiten Auflage finden Sie eine Zusammenschau der wichtigsten Bauernregeln aus dem deutschsprachigen Raum. Aus den ca. 500 Bauernregeln haben wir die wichtigsten ausgewählt und mit Methoden der modernen Meteorologie und Statistik auf ihren Wahrheitsgehalt getestet.

Entdecken Sie in diesem Buch die alten Wettersprüche neu und staunen Sie, wann und wie lange im Voraus Vorhersagen möglich sind.

Ihr Dr. Karsten Brandt

# Bauernregeln – Lebensweisheiten in kurzen Sprüchen

Faszinierend an Bauernregeln ist die in einem kurzen Reim gefasste Weisheit, die von Generation zu Generation weitergegeben wird. Die meisten Bauernregeln stammen aus dem späten Mittelalter oder lassen sich bis hierher zurückverfolgen. Da so gut wie in keiner Bauernfamilie geschrieben wurde, musste das Wissen mündlich weitergegeben werden. Um dies abzusichern und somit merkfähig zu machen, wurde die Information hübsch in Sprüche verpackt, die man gut im Gehirn speichern kann. Die Bauernregeln halfen dem Bauern, sich in seinem Leben zu orientieren.

Für uns erstaunlich ist die häufig sehr gute Qualität der langfristigen Ausblicke. Die höchste Trefferwahrscheinlichkeit weisen Bauernregeln in Süddeutschland auf. Viele Bauernregeln, die im Norden und im Westen durchfallen, stimmen im Osten und insbesondere im Süden.

Diese Schwankung innerhalb Deutschlands könnte ein Zeichen dafür sein, dass viele Bauernregeln aus dem süddeutschen Raum stammen. Dies ist auch nachweislich bei vielen Regeln so. Andererseits ist das Wetter im Norden naturgemäß wechselhafter, so dass die Wahrscheinlichkeit der vielfach auf Erhaltungsneigung beruhenden Regeln abnimmt.

# Das Wetter entschied über die Ernte

Für den Bauern war all sein Wirken von jeher darauf gerichtet, eine gute Ernte einzubringen. Vom Wetter hing alles ab – am besten waren die gemäßigten Jahre, mit nicht zu viel oder zu wenig Regen und mittleren Temperaturen. Ein nasses und kühles Frühjahr verkürzt die Wachstumszeit und damit die Gesamternte. Ein nasser Sommer sorgt für Schimmel und schlechtes Heu. Hagel und Sturm im Sommer lassen ebenfalls erhebliche Ernteschäden entstehen. Auch eine überdurchschnittliche Trockenheit, insbesondere im Frühjahr, kann erhebliche Schäden verursachen. Der Bauer wünscht sich also das richtige Wetter zum richtigen Zeitpunkt.

Ein gutes Jahr für den Bauern ist ein Jahr mit ausreichend Regen und mittleren Temperaturen – zumindest nicht zu kalten Temperaturen. Auch die Sonnenscheindauer sollte in einem fruchtbaren Jahr durchschnittlich, wenn nicht überdurchschnittlich sein.

# Januar

# Bauernregeln im Januar

Im Winter kommt der Bauer zur Ruhe. Es gibt zwar einige Reparaturarbeiten an Haus und Hof, aber es ist viel Muße übrig. In dieser Zeit wird gerne im Wald gearbeitet. Ansonsten macht man sich Gedanken über das kommende Jahr. Gerne wird auch anhand des Jahresbeginns spekuliert, wie wohl das nächste Jahr werden könnte.

Der Januar ist der kälteste Monat in Deutschland.
Bis zum Ende des Monats sinken die Mitteltemperaturen in ganz Deutschland in Wellen ab, bevor sie
in der letzten Woche wieder deutlich ansteigen.
Der kälteste Tag in Deutschland ist im Mittel am
25.1. zu erwarten, also reagiert die Lufttemperatur
mit etwa fünf bis sechs Wochen Verzögerung auf
den Sonnenstand.

## Klassische Wetterphasen im Januar

| Datum | Bezeichnung | Wetterlage |
| --- | --- | --- |
| 1.1. – 9.1. | Hochwinter | kalt, wenig Niederschlag, immer wieder Sonne |
| 12.1. und 18.1. – 20.2 | Tauwetter | häufig Regen, wenig Sonne, Milderung |
| 22.1. – 26.1. | Hochwinter | häufig Sonnenschein, zunehmend trocken, häufig die kälteste Zeit |
| ab 27.1. | Tauwetter | deutlich milder, wenig Sonne |

Wie wird es wohl werden, das neue Jahr? Zwei
Bauernregeln versuchen mutig, eine Wetterten-
denz für das ganze Jahr zu ermitteln:

*„Die Neujahrsnacht still und klar,*
*deutet auf ein gutes Jahr.“*

*„Wenn Neujahr strahlt im Sonnenschein,*
*wird das Jahr wohl fruchtbar sein.“*

Ähnlich wie beim Bleigießen in der Silvesternacht
sind die Ergebnisse nicht gerade ermutigend, wenn
man ehrlich ist. Beim Test auf Temperatur, Regenmenge und Sonnenscheindauer gibt es an allen fünf
untersuchten deutschen Stationen keinen Zusammenhang zwischen der Silvesternacht und dem
Neujahrstag und dem Wetter im Jahresverlauf.
Sie glauben es nicht? Hier ein Beispiel aus dem Norden: Der Neujahrstag im Jahre 2003 war wolkenver-
hangen. Es folgte ein sehr sonniges Jahr mit mehr
als 1900 Sonnenstunden.
Am 1.1.2000 war der Norden ebenfalls wolkenver-
hangen mit keiner einzigen Sonnenminute. Es
folgte ein Jahr mit nur 1400 Sonnenstunden. So
war es auch zu erwarten. Ein paar Stunden oder
ein Tag können nicht das Wetter für ein ganzes Jahr
vorhersagen. Selbst wenn man die Regel nicht nur
auf einen Tag bezieht, sondern auf die Wetterlage,
die an den ersten Tagen des Jahres herrscht, wird
die Aussagekraft nicht wirklich stärker.

*Stimmt in ganz Deutschland nicht!*

Dem Bauern sind kalte Wintermonate lieber als milde, da diese einen sehr frühen Start der Vegetation bedeuten könnten. Späte Fröste zerstören dann den frühen Ausschlag. Daher ist dem Bauern eine knackig kalte Winterruhe lieber. Auch kräftige Fröste bis -20 °C sind normalerweise kein Problem, wenn eine Schneedecke liegt. Liegt kein Schnee, kann dies den Boden erheblich auskühlen.

*„Januar hart und rau, nutzt dem Getreidebau."*

*„Januar muss knacken,*
*wenn das Korn soll sacken."*

*„Ist der Winter warm, wird der Bauer arm."*

*„Je frostiger der Januar,*
*desto freundlicher das ganze Jahr."*

*„Im Januar sieht man lieber einen Wolf als einen Bauern ohne Jacke."*

Der Januar ist der Monat mit den größten Temperaturgegensätzen im Jahr. Bestimmen die Westwinde das Wetter, ist es mild und regnerisch. Meist brausen Stürme über das Land.

Im Gegensatz dazu ist es bitterkalt, wenn die Ostwinde dominieren. Es schneit häufig und der Wind ist eher schwach.

*„Donnert es im Januar über dem Feld,*
*sich später große Kälte einfind."*

Kaltluft fließt im Januar häufig mit einem Wintergewitter ein. Von Norden her kündigt sich die Kaltluft mit Schneeregen und Schneeschauern an. Für Tage wird es jetzt nasskalt und wechselhaft mit Schnee und Eis.

*„Im Januar viel Mückentanz,*
*verdirbt die Futterernte ganz."*

Sind im Januar viele Mücken zu sehen, herrscht während des Winters lange mildes Wetter. Der Bauer hat Angst, dass das milde Wetter einen zu frühen Frühling auslöst. Späte Fröste können dann alles zerstören.

Gewagt ist diese Bauernregel mit einer Prognose anhand des Wetterverlaufes im Januar.

### „Auf trockenen, kalten Januar folgt viel Schnee im Februar."

Leider gab es in den letzten 20 Jahren nicht allzu viele Jahre, die einen trocken-kalten Januar boten. Zumeist war es mild. Ich habe die Daten daher für fünf Stationen bundesweit und bis zu 30 Jahre zurück ausgewertet. Die Bauernregel stimmt. Ist es im Januar zu kalt und zu trocken, folgt in ganz Deutschland zu 65 % ein feucht-kalter Februar. Zumeist ist es nach einem frostigen Januar auch im Februar weiterhin zu kalt, wobei die Temperaturen meist schon über denen im Januar liegen. Besonders im Süden nimmt die Anzahl der Schneetage nach einem trocken-kalten Januar deutlich zu.

### Stimmt in ganz Deutschland!
Die gemessenen Temperaturen haben gezeigt:
- in Norddeutschland stimmt die Regel in 6 von 10 Jahren
- in Ostdeutschland in 6 von 10 Jahren
- in Westdeutschland in 6 von 10 Jahren
- in der Mitte Deutschlands in 7 von 10 Jahren
- und im Süden in 8 von 10 Jahren

Noch weiter voraus schaut die folgende
Bauernregel:

*„Ist der Januar feucht und lau,*
*wird das Frühjahr trocken und rau."*

Diese weit bekannte Bauernregel lässt sich statistisch kaum bestätigen. Es folgen mit gleicher Wahrscheinlichkeit feuchte und trockene Frühjahrsmonate. Es gibt bundesweit keinen gesicherten Zusammenhang zwischen einem feuchten Januar und
einem trockenen Frühjahr insgesamt oder der ein-
zelnen Frühjahrsmonate. Die Wahrscheinlichkeiten
schwanken immer um die 50 %.

**Stimmt in ganz Deutschland nicht!**
Temperatur- und Niederschlagsmessungen haben
gezeigt:
– diese Regel stimmt Norddeutschland nur in
  5 von 10 Jahren
– in Ostdeutschland in 5 von 10 Jahren
– in Westdeutschland in 5 von 10 Jahren
– in der Mitte Deutschlands in 5 von 10 Jahren
– in Süddeutschland in 5 von 10 Jahren

Auch für die folgenden Bauernregeln lässt sich nur ein schwacher Zusammenhang finden:

*„Ist der Januar hell und weiß,*
*wird der Sommer sicher heiß."*

*„Je frostiger der Januar,*
*desto freundlicher das ganze Jahr."*

Diese Bauernregeln versprechen eine recht angenehme Entschädigung. Doch bestätigen lassen sie sich anhand der Wetteraufzeichnungen nur ganz leicht. Nach einem frostigen Januar sollte ein sonniges Jahr folgen. Also müsste den Bauernregeln zufolge nach viel Frost und Schnee im Januar eine überdurchschnittliche Sonnenscheindauer oder ein warmer Sommer folgen. Tatsächlich gibt es nur eine ganz schwache Tendenz dafür. Immerhin existiert ein schwacher Trend. Die Wahrscheinlichkeit für einen warmen und sonnigen Sommer ist nach einem kalten Januar etwas höher.

**Stimmt in ganz Deutschland – allerdings nur schwach!**
Messungen der Sonnenstunden und der Niederschlagsmengen zeigen:
- die Regeln treffen zu in Norddeutschland in 6 von 10 Jahren
- in Ostdeutschland in 6 von 10 Jahren
- in Westdeutschland in 6 von 10 Jahren
- in der Mitte Deutschlands in 6 von 10 Jahren
- in Süddeutschland in 6 von 10 Jahren

**„Ist bis Dreikönigtag (6.1.) kein (strenger) Winter, so kommt auch keiner dahinter."**

Tatsächlich ist es so, dass ein milder Dezembermonat und Januarbeginn auch für einen restlichen milden Januar sorgen. Für alle Regionen in Deutschland gilt diese Regel. Waren der Dezember und die ersten Januartage zu kalt, liegt die Wahrscheinlichkeit bei fast 80 %, dass es kalt bleibt.

Schränkt man die Prüfung auf Anfang Januar ein, gilt: Ist es unabhängig vom Dezember Anfang Januar zu warm, dann bleibt es auch mit 70 % Wahrscheinlichkeit den Rest des Monats wärmer als normal. Auch der Februar ist dann in zwei von drei Fällen zu mild. Ist es zu kalt und liegt eine Schneedecke, dann ist, wie oben schon beschrieben, in vier von fünf Fällen ein insgesamt zu kalter Januar zu erwarten.

### Stimmt in ganz Deutschland!
Die Temperaturmessungen beweisen es:
- diese Regelt trifft zu in Norddeutschland in 6 von 10 Jahren
- in Ostdeutschland in 7 von 10 Jahren
- in Westdeutschland in 6 von 10 Jahren
- in der Mitte Deutschlands in 7 von 10 Jahren
- und im Süden in 6 von 10 Jahren

**„Wenn zu Antoni (17.1.) die Luft ist klar, gibt es ein trockenes Jahr."**

Scheint zwischen dem 14. und 20. Januar tatsächlich häufiger die Sonne, als im Durchschnitt zu erwarten wäre, dann fällt in zwei von drei Fällen das Jahr insgesamt zu trocken aus. Warum das so ist, ist nicht einfach zu erklären. Insbesondere Hochdrucklagen über dem Alpenraum scheinen schwach negativ mit der Jahresregenmenge zu korrelieren. Wahrscheinlich sind es die Jahre mit schwächeren Westwinden und weniger Tiefdruckaktivität, die zu trockenem Wetter führen. Diese Regel wurde auch schon in anderen Untersuchungen positiv getestet. Faszinierend, dass hier ein schwacher Zusammenhang über ein ganzes Jahr besteht.

### Stimmt in ganz Deutschland!

Die Niederschlagsmengen bestätigen:
- diese Regel gilt in Norddeutschland in 6 von 10 Jahren
- in Ostdeutschland in 6 von 10 Jahren
- in Westdeutschland in 7 von 10 Jahren
- in der Mitte Deutschlands in 7 von 10 Jahren
- in Süddeutschland in 7 von 10 Jahren

*„An Fabian und Sebastian (20.1.)*
*fängt der echte Winter an."*

In vielen Jahren erfolgen Wintereinbrüche im Laufe
des Januars. Die kältesten Temperaturen des Jahres
werden dann häufig in der zweiten Januarhälfte
gemessen. Vermutlich bezieht sich die Bauernregel
auf diese kälteste Zeit des Jahres.

*„Werden die Tage länger (ab 21. oder 22.1.),*
*wird der Winter strenger."*

Diese Bauernregel beschreibt einen Effekt, der tatsächlich stutzig machen kann: Nicht um Weihnachten, an den kürzesten Tagen des Jahres, werden die
tiefsten Tagesmittel-Temperaturen gemessen, sondern erst Mitte Januar. Mit den Kaltlufteinbrüchen
im Januar werden dann in Deutschland manchmal
Werte um -25 °C erreicht, obwohl die Tage wieder
länger werden.

Nur acht bis neun Stunden scheint die Sonne im
Januar und sie steht selbst am Mittag recht flach
am Horizont. Wirklich wärmen kann die Sonne an
diesen Januartagen nicht.

*„Januarsonne hat weder Kraft noch Wonne."*

**„Sankt Paulus (25. 1.) klar,
bringt ein gutes Jahr –
hat er Wind,
regnet's geschwind."**

Nimmt man nur den 25. Januar, fällt das Ergebnis
dieser Bauernregel dürftig aus. Bei schönem Wetter
am 25. Januar folgt ein trockenes oder ein regne-
risches Jahr mit etwa gleicher Wahrscheinlichkeit.
Erweitert man den Untersuchungszeitraum auf
fünf Tage um diesen Termin, gibt es einen Zusammenhang mit der Sonnenscheindauer und dem
Niederschlag. Ähnlich wie bei der Regel zu Antoni
(zum 17.1.) folgt nach einer Hochdrucklage mit
Sonnenschein ein tendenziell zu trockenes Jahr. Der
Zusammenhang ist etwas schwächer als beim 17.1.

**Stimmt in ganz Deutschland!**
Die aufgezeichneten Niederschlagsmengen
zeigen es:
- diese Regel gilt in Norddeutschland in
  6 von 10 Jahren
- in Ostdeutschland in 6 von 10 Jahren
- in Westdeutschland in 6 von 10 Jahren
- in der Mitte in 7 von 10 Jahren
- und im Süden in 7 von 10 Jahren

**„Friert es auf Vigilius (31.1.),**
**im Märzen Kälte kommen muss."**

Erstaunlich, aber wahr: Ist es Ende Januar frostig
und liegen damit die Temperaturen unter dem
Durchschnitt, ist der März ebenfalls zu kalt. In
allen Regionen Deutschlands lagen die Temperaturen im März in fast sieben von zehn Jahren unter
dem normalen Jahresdurchschnitt.

**Stimmt in ganz Deutschland!**
Die Temperaturmessungen zeigen:

- diese Regel gilt in Norddeutschland in
  6 von 10 Jahren
- in Ostdeutschland in 7 von 10 Jahren
- in Westdeutschland in 6 von 10 Jahren
- in der Mitte in 7 von 10 Jahren
- im Süden in 7 von 10 Jahren

# Februar

# Bauernregeln im Februar

Im Februar wünschen sich die Bauern noch Winterwetter mit Kälte und Schnee. Zu frühe Wärme lässt ein kaltes Frühjahr befürchten.

Die Temperaturwende ist geschafft. Im Februar steigen die Temperaturen weiter an, auch wenn es Rückfälle gibt. Besonders zum Ende hin steigen die Temperaturen dann deutlich an, die Schneeglöckchenblüte beginnt und eine Schneedecke hält sich in der Mitte und im Westen Deutschlands nicht mehr lange.

## Klassische Wetterphasen im Februar

| Datum | Bezeichnung | Wetterlage |
|---|---|---|
| 27.1. – 12.2. | Tauwetter | mild |
| 3.2. – 6.2. | Tauwetter | sehr mild, viel Regen, wenig Sonne |
| 13.2. – 23.2. | Hochwinter | häufige Wintereinbrüche, kälteste Februartemperatur am 17.2. |
| 24.2. – 29.2. | Tauwetter | viel Regen, sehr mild |

## „Viel Regen im Februar, viel Regen im ganzen Jahr."

Eine echte Überraschung bei der Untersuchung der Daten der letzten zehn Jahre an mehreren Stationen: Bundesweit stimmt die Regel zu fast 70 %.

Warum der Februarregen so ein guter Indikator für den Jahresregen ist, ist meteorologisch nicht ganz einfach zu erklären. Die Zusammenhänge waren zum Beispiel in Süddeutschland selbst über 30 Jahre signifikant.

### Stimmt in ganz Deutschland!

Die Aufzeichnungen der Regenmengen zeigen es:
- diese Regel gilt in Norddeutschland in 6 von 10 Jahren
- in Ostdeutschland in 7 von 10 Jahren
- in Westdeutschland in 6 von 10 Jahren
- in der Mitte Deutschlands in 7 von 10 Jahren
- in Süddeutschland in 8 von 10 Jahren

Nach einem kalten Januar geht dem Winter im
Februar manchmal recht schnell die Puste aus, in
anderen Jahren findet erst jetzt die Kaltluft den
Weg zu uns.

*„Brigitte (1.2.) nimmt den Winter mit*
*oder bringt den Winter mit."*

*„Wenn es an Lichtmess (2.2.) stürmt und schneit,*
*ist der Frühling nicht mehr weit."*

Für Süddeutschland (in anderen Teilen Deutschlands gab es zu wenig Schneetage) haben wir den
Lichtmesstag untersucht. In nur drei der letzten
20 Jahre gab es Neuschnee an diesem Tag. In diesen
Jahren war der folgende März zweimal zu mild und
einmal zu kalt.

*„Scheint an Lichtmess (2.2.) die Sonne heiß,*
*kommt noch sehr viel Schnee und Eis."*

*„Sonnt sich der Dachs in der Lichtmesswoche,*
*bleibt er vier Wochen noch im Loche."*

Diese Regeln werden durch die langjährigen Wetteraufzeichnungen tatsächlich bestätigt. Wenn es in
der ersten Februarwoche sonniger als normal ist,
wird es mit über 70% Wahrscheinlichkeit mehr
Frosttage als üblich im Februar und März geben.
Der Grund ist die Erhaltungsneigung des Wetters.
Bestimmt ein Hochdruckgebiet das Wetter Anfang
Februar, bringt es einen klaren Himmel mit viel
Sonnenschein. Oftmals bleibt das Hochdruckwetter
dann auch über ein paar Wochen bestehen. Allerdings kühlt sich die Erde in den Nächten bei wol-
kenfreiem Himmel stärker ab, als die Februarsonne
sie am Tag aufheizen kann. Die Temperaturen sinken kontinuierlich.

### Stimmt in ganz Deutschland!
Die Temperaturaufzeichnungen haben bewiesen:
- diese Regeln gelten in Norddeutschland in
  6 von 10 Jahren
- in Ostdeutschland in 7 von 10 Jahren
- in Westdeutschland in 7 von 10 Jahren
- in der Mitte Deutschlands in 7 von 10 Jahren
- und in Süddeutschland in 7 von 10 Jahren

**„Die heilige Dorothee (5.2.)
bringt den meisten Schnee."**

Die Schneewahrscheinlichkeit nimmt im langjährigen Mittel im Laufe des Februars langsam ab. Bis
zum 5.2. ist die Wahrscheinlichkeit einer Schneedecke im Flachland in Deutschland etwa so hoch wie
im Januar. An etwa jedem zehnten Tag liegt eine
mindestens 1 cm dicke Schneedecke. In den Mittelgebirgen wird erst Ende Februar und in kalten Win-
tern im März die höchste Schneedecke erreicht.
Schneehöhen von 2 m und mehr sind dann möglich,
da der Schnee selbst in den wärmeren Phasen nicht
mehr taut.

Eine fehlende Schneedecke Ende Februar oder im
März im Flachland ist für den Bauer nicht mehr
so schlimm, da die stärksten Fröste dann schon
vorbei sind.

**„Dem Korn unter dem Schnee
tut die Kälte nicht weh."**

**„Felix und Petrus (21./22.2.) zeigen an, was wir 40 Tage für Wetter han."**

**„Wie es Petrus und Matthias (22./23.2.) macht, so bleibt es noch 40 Nacht."**

Zwei sehr gute Bauernregeln – sie stimmen bundesweit in ca. zwei von drei Fällen. Regnet es zwischen dem 21. und 23. Februar nicht, dann bleibt es in den meisten Fällen auch die folgenden drei bis vier Wochen eher zu trocken. Die Temperaturen verhalten sich mit hoher Wahrscheinlichkeit ähnlich. Ist es zu kalt, bleibt die Kälte in ganz Deutschland ebenfalls in zwei von drei Fällen.

Insbesondere Untersuchungen der Schnee- und Frosttage zeigen deutliche Zusammenhänge. Gibt es Ende Februar davon mehr als gewöhnlich, erwarten uns auch Anfang März deutlich mehr Frosttage. Liegt Ende Februar eine Schneedecke in den Mittelgebirgen, wird sie uns zu 90 % auch noch Anfang März erhalten bleiben.

### Stimmt in ganz Deutschland!
Die aufgefangenen Regenmengen zeigen:
- diese Regeln gelten in Norddeutschland in 6 von 10 Jahren
- in Ostdeutschland in 7 von 10 Jahren
- in Westdeutschland in 6 von 10 Jahren
- in der Mitte in 6 von 10 Jahren
- und im Süden in 6 von 10 Jahren

„Im Hornung (Februar) Schnee und Eis,
macht den Sommer lang und heiß."

Leider hält das Wetter offensichtlich nicht viel
von ausgleichender Gerechtigkeit. Denn die Statistiken zeigen nicht, dass auf einen kalten Februar
tatsächlich ein schöner Sommer folgen muss.
Die Chancen liegen bei unserem Test nur wenig
über 50 %.

**Stimmt nur tendenziell!**
Die Messung der Frosttage und der Sommertem-
peratur zeigt:
– diese Regel gilt in Norddeutschland nur in
  5 von 10 Jahren
– in Ostdeutschland in 5 von 10 Jahren
– in Westdeutschland in 5 von 10 Jahren
– in der Mitte Deutschlands in 6 von 10 Jahren
– in Süddeutschland in 5 von 10 Jahren

**„Ist der Februar sehr warm,
friert man Ostern bis in den Darm."**

Obwohl diese Regel überaus anschaulich versucht,
das Wetter zu beschreiben – bestätigen lässt sie sich
nicht. Ein warmer Februar verkündet nicht unbedingt einen späteren Kälterückfall.

**Stimmt nicht!**
Die Temperaturaufzeichnungen zeigen:
- diese Regel stimmt in Norddeutschland nur
  in 4 von 10 Jahren
- in Ostdeutschland in 5 von 10 Jahren
- in Westdeutschland in 5 von 10 Jahren
- in der Mitte Deutschlands in 5 von 10 Jahren
- und im Süden in 5 von 10 Jahren

Generell gibt es keine „ausgleichende" Gerechtigkeit beim Wetter. Es kann über Wochen oder über
Monate hinweg in Deutschland zu warm, sein, ohne
dass es danach unbedingt kalt werden muss. Global
gesehen allerdings gibt es diesen Ausgleich. Fließt
in einigen Teilen der Nordhalbkugel Warmluft nach
Norden, muss es in anderen Teilen Kaltluftflüsse
nach Süden geben.

# März

# Bauernregeln im März

Mit dem März beginnt für die Meteorologen das Frühjahr und die dunkle Jahreszeit ist endgültig vorbei. Die Tage werden heller und länger und die aktive Zeit für den Bauern steht vor der Tür.

Die Temperaturen steigen im März in Deutschland stark an und erreichen im Westen und Norden erstmals im Mittel die 10-Grad-Marke. Der Vorfrühling zieht nun überall in Deutschland ein. Es ist fast eine Verdreifachung der Temperatur zu erwarten.

## Klassische Wetterphasen im März

| Datum | Bezeichnung | Wetterlage |
|---|---|---|
| 1.3. – 7.3. | Märzwinter | sehr kalt, der kälteste Märztag wird am 4.3. erwartet, zum Ende des Märzwinters viel Sonne |
| 12.3. | Tauwetter | regnerisch, wenig Sonne, mild |
| 14.3. | Märzwinter | Kälterückfall, Schnee fällt aber meist nur in den Mittelgebirgen und im Osten und Süden |
| 17.3. | Vorfrühling | ein meist milder und sonniger Märztag (mehr als 5 Stunden Sonne im Durchschnitt) |
| 20.3. | Märzwinter | kurzer Kälterückfall |

Frost und Kälte Anfang März zögern den Frühlingsanfang hinaus, so dass gefährliche Spätfröste die
Blüte nicht mehr gefährden können. Ein milder
Ausklang des März „wie ein Lamm" ist daher durchaus gewünscht.

*„Im Märzen kalt und Sonnenschein,*
*wird es eine gute Ernte sein."*

*„Der März soll kommen wie ein Wolf und gehen*
*wie ein Lamm."*

*„Fürchte nicht den Schnee im März,*
*darunter wohnt ein warmes Herz."*

Schnee fällt im März nur noch auf oberflächlich
gefrorenen Boden und taut sehr schnell weg – zumindest im Flachland. Ab Mitte Februar, in milden
Jahren auch schon ab Anfang Februar, steigen die
Bodentemperaturen in 20 bis 50 cm Tiefe wieder
an und Schnee liegt nur kurzfristig. Nur sehr selten
kann sich im März im Flachland über längere Zeit
eine Schneedecke halten. In den Mittelgebirgen
kann der Schnee allerdings noch lange liegen bleiben. Bis in den April hinein liegt dann eine weiße
Decke über der Region.

„Im März viel Schnee und Regen
bringt wenig Sommersegen."

„Wie es im März regnet,
wird's im Juni wieder regnen."

Viele Bauernregeln versuchen die Qualität der Ernte
vorherzusagen und vergleichen die Witterung des
Monats März mit dem Hochsommer. Aber ein deut-
licher Zusammenhang zwischen der Anzahl der
Regentage im März und des ganzen Sommers lässt
sich nicht eindeutig zeigen.

Es gibt nach einem verregneten März durchaus
Hoffnung auf einen schönen Sommer. Denn mit
gleicher Wahrscheinlichkeit folgen zu trockene
oder zu nasse Monate. Nur in Ostdeutschland erreicht die Regel eine Wahrscheinlichkeit von 56 %.

**Stimmt nicht!**
Die aufgefangenen Regenmengen belegen es:
- diese Regeln gelten in Norddeutschland nur
  in 5 von 10 Jahren
- in Ostdeutschland in 6 von 10 Jahren
- in Westdeutschland in 5 von 10 Jahren
- in der Mitte Deutschlands in 5 von 10 Jahren
- und im Süden in 5 von 10 Jahren

Einen Vergleich zwischen einem freundlich gesinnten März und einem freundlichen April zieht diese Bauernregel:

*„Einem freundlichen März folgt ein freundlicher April."*

Die Wetterstatistiken sprechen gegen diese Regel. Denn wenn der März sonniger und wärmer als im Durchschnitt verläuft, folgen trotzdem zu warme und zu kalte Aprilmonate mit gleicher Wahrscheinlichkeit.

Interessanterweise ist aber der Umkehrschluss möglich: Wenn der März „unfreundlich" ist, es also deutlich weniger Sonne und niedrige Temperaturen gibt, dann folgt in zwei von drei Fällen auch ein unfreundlicher, sprich regenreicher April.

**Stimmt in ganz Deutschland – bei Umkehrung der Regel!**

Die aufgefangenen Regenmengen zeigen: Viel Regen im März bringt einen nassen April

- in Norddeutschland in 7 von 10 Jahren
- in Ostdeutschland in 7 von 10 Jahren
- in Westdeutschland in 7 von 10 Jahren
- in der Mitte in 7 von 10 Jahren
- in Süddeutschland in 8 von 10 Jahren

**„Märzenschnee tut den Saaten und Blumen weh."**

Feuchtkaltes Wetter im Frühjahr mit Schnee und kräftigen Frösten kann die Vegetationsentwicklung erheblich verzögern. Um bis zu sechs Wochen kann sich beispielsweise die Schneeglöckchenblüte hinauszögern. Die Forsythienblüte zeigt sich in einem kalten Frühjahr erst im späteren April.

Der Monat sollte jedoch auch nicht zu warm und insbesondere nicht zu feucht sein, denn Schimmel und Fäulnis könnten die Folgen sein.

**„Ein grüner März erfreut kein Bauernherz."**

**„März allzu feucht, macht das Brot leicht."**

**„Gibt es im März zu viel Regen,
bringt die Ernte wenig Segen."**

„Kunigunde (3.3.) klar,
bringt ein gesegnet Jahr."

Wieder eine Regel, die versucht, vom Wetter eines
Tages auf das ganze Jahr zu schließen. Leider mit
wenig Erfolg, ähnlich den verschiedenen Regeln
im Januar. Auch eine Erweiterung auf mehrere Tage
rund um den 3. März bringt nur wenig Erfolg.

**Stimmt nicht!**
Die aufgefangenen Regenmengen zeigen es deutlich:
– diese Regel gilt in Norddeutschland nur in
  4 von 10 Jahren
– in Ostdeutschland in 5 von 10 Jahren
– in Westdeutschland in 5 von 10 Jahren
– in der Mitte Deutschlands in 4 von 10 Jahren
– und im Süden in 4 von 10 Jahren

„Wenn es Kunigunden (3.3.) friert,
sie's noch 40 Nächte spürt."

„Regen, den die 40 Märtyrer (10. 3.) senden,
wird erst nach 40 Tagen enden."

Selbst mit 40 Märtyrern hat das Wetter kein Erbar-
men und macht deren Dauerregen zunichte: Die
langjährigen Wetteraufzeichnungen beweisen,
dass nasse und trockene Phasen mit gleicher Wahrscheinlichkeit folgen. Einzig in Süddeutschland
liegt die Wahrscheinlichkeit dieser Bauernregel
mit etwas über 60 % außerhalb des Zufallsbereichs.

**Stimmt überwiegend nicht – nur in Süddeutschland
eine Tendenz!**
Die gemessenen Regenmengen haben gezeigt:
- diese Regel gilt Norddeutschland nur in
  5 von 10 Jahren
- in Ostdeutschland in 5 von 10 Jahren
- in Westdeutschland in 5 von 10 Jahren
- in der Mitte in 3 von 10 Jahren
- im Süden in 6 von 10 Jahren

„**Friert es auf Getrude (17.3.),
der Winter 40 Tage nicht ruht.**"

Ist es zur Monatsmitte zu kalt (mehr Frosttage
oder Temperatur unterdurchschnittlich), dann
bleibt auch mit hoher Wahrscheinlichkeit die
2. Märzhälfte zu kalt (um die 60 %). Für ganz
Deutschland lässt sich die Regel bestätigen.

### Stimmt überwiegend!
Temperaturmessungen zeigen, dass Frost vom
16.3. bis 18.3. zu einer zu kalten zweiten Märzhälfte führt:
– in Norddeutschland in 6 von 10 Jahren
– in Ostdeutschland in 6 von 10 Jahren
– in Westdeutschland in 7 von 10 Jahren
– in der Mitte Deutschlands in 6 von 10 Jahren
– im Süden in 6 von 10 Jahren

**„Wie das Wetter zu Frühlingsanfang (21.3.),
ist es den ganzen Sommer lang."**

Ein einziger Tag soll über den ganzen Sommer ent-
scheiden? Aus meteorologischer Sicht ist weniger
der besondere Stichtag entscheidend als der Zeitraum von einigen Tagen um den Stichtag, der die
Wetterlage beschreibt. Regnet es in diesem Zeitraum weniger als üblich, dann gibt es in etwa sechs
von zehn Jahren weniger Sommerregen. Bei der
Temperatur zeigen sich sogar etwas bessere Ergebnisse. Ist es um den 21.3. wärmer als normal, gibt es
bundesweit zu fast 70 % einen wärmeren Juni und
Juli. Für den August kann keine Aussage mehr
getroffen werden. Ähnliche Aussagen lassen sich
auch für die Sonnenscheindauer treffen. In sieben
von zehn Fällen deutet viel Sonne zum Frühlingsanfang auf einen sonnigen Juni und Juli hin.

**Stimmt für ganz Deutschland!**
Die gemessenen Regenmengen beweisen:
–  diese Regel gilt in Norddeutschland in
    7 von 10 Jahren
–  in Ostdeutschland in 7 von 10 Jahren
–  in Westdeutschland in 5 von 10 Jahren
–  in der Mitte in 7 von 10 Jahren
–  im Süden in 5 von 10 Jahren

*„Hält St. Ruprecht (28.3.) den Himmel rein,*
*so wird es auch im Juli sein."*

Erstaunlich, aber wahr: Ist es um den 28. März
herum wirklich sonnig, so wird der Juli mit über
72 % mehr Sonne bieten als im Durchschnitt. Ist
es aber grauer als sonst, dann wird es zu 60 % auch
im Juli grauer sein als sonst üblich.

**Stimmt für ganz Deutschland!**
Sie Sonnenscheindauer macht es deutlich:
– diese Regel gilt in Norddeutschland in
  6 von 10 Jahren
– in Ostdeutschland in 7 von 10 Jahren
– in Westdeutschland in 7 von 10 Jahren
– in der Mitte Deutschlands in 7 von 10 Jahren
– und in Süddeutschland in 7 von 10 Jahren

# Bauernregeln im April

Der April ist ein Schlüssel zum ganzen Jahr. Dünger muss auf die Felder. Die Frühkartoffeln werden angebaut, es geht „richtig rund" in Feld und Flur. Es ist wohl eine der seltenen Gelegenheiten im Leben, in denen „Unbeständigkeit" Trumpf ist. Je wilder der April, desto besser für den Bauern.

Die Temperaturen steigen weiterhin rapide an. Von knapp 10 °C am Anfang des Monats auf angenehme 14 °C am Ende des Monats.

## Klassische Wetterphasen im April

| Datum | Bezeichnung | Wetterlage |
|-------|-------------|------------|
| 1.4.–3.4. | Vorfrühling | sehr milde Phase mit über 8 Stunden Sonne pro Tag, in manchen Jahren schon weit über 20 °C |
| 9.4.–11.4. | Aprilwinter | häufig noch Schnee in den Mittelgebirgen und den Alpen, kälter als an vielen Märztagen, einige Tage später in schwächerer Form wiederkehrend |
| ab 25.4. | Mittfrühling | fast überall werden nun in Deutschland 20 °C gemessen, die Mitteltemperaturen erreichen 15 °C, zumeist viel Sonne |

„April, April, der macht was er will."

Dies ist wohl die bekannteste aller Bauernregeln
überhaupt und sie genießt ihren Ruhm zu Recht.
Das Wetter im extremsten Monat des Jahres wird
durch diese Regel nur zu gut beschrieben: Einmal
klettern die Temperaturen auf sommerliche 20,
ja manchmal sogar auf 25 °C. Ein paar Tage später
wird es schon wieder eisig kalt und es fällt sogar
Schnee.

„Gehst du im April bei Sonne aus,
lass den Regenschirm nicht zu Haus."

„Herrengunst, Aprilwetter, Frauenlieb und
Rosenblätter wenden sich oft."

Der Grund des häufigen Wetterwechsels ist die
Winter-Sommer-Umstellung der Strömung auf
der Nordhalbkugel. Diese hat eine unterschiedliche Erwärmung von Wasser und Land zur Folge.

Während die Landmasse des Kontinents durch die
Aprilsonne schon recht stark aufgeheizt wird, sind
das Wasser der Meere und die Polargebiete noch
kalt. Je nach Richtung der Luftströmung setzt sich
dann winterlich-kalte oder sommerlich-warme Luft
durch. Durch diese Temperaturextreme halten sich
Hochs und Tiefs nur kurz und es gibt den Eindruck
der Wechselhaftigkeit.

„Wohl hundertmal schlägt das Wetter um,
das ist dem April sein Privilegium."

*„Gibt's im April mehr Regen als Sonnenschein,*
*wird warm und trocken der Juni sein."*

Leider lässt sich die Regel nicht bestätigen. Nur für
Ostdeutschland traf die Regel in sechs von zehn Jahren zu. Wenn es hier im April stark regnete, war es
im Juni häufig zu trocken. An allen anderen Orten
gab es keinen Zusammenhang zwischen der April-
witterung und der Juniwitterung. Anscheinend ist
das Wetter nicht ganz so ausgleichend gerecht, wie
es sich die alte Weisheit wohl wünscht. Auch für den
Winter gab es schon ein ähnliches Ergebnis. Ausgleichende Gerechtigkeit in Form eines warmen Sommers für einen kalten Winter gibt es ebenfalls nicht.

**Stimmt überwiegend nicht!**
Die gemessenen Regenmengen zeigen:
– diese Regel gilt in Norddeutschland nur in
  4 von 10 Jahren
– in Ostdeutschland in 6 von 10 Jahren
– in Westdeutschland in 3 von 10 Jahren
– in der Mitte Deutschlands in 5 von 10 Jahren
– im Süden in 2 von 10 Jahren

**„Wenn's viel regnet am Amantiustag (8.4.),
ein dürrer Sommer folgen mag."**

Zunächst ist das ein Widerspruch zur Regel von
Seite 48, aber wenn man nur den Zeitraum um den
8. April betrachtet und in diesem Zeitraum mehr
Regen als normal fällt, dann gibt es für den Süden
Deutschlands einen schwachen Zusammenhang.

Besser wird die Aussagekraft der Bauernregel für
den Osten, die Mitte und Süddeutschland, wenn
man die Jahre auswählt, die mindestens doppelt
so viel Regen wie üblich in dem Zeitraum gebracht
haben. Die Wahrscheinlichkeit liegt dann zwischen
70 und 80 %. Nur für den Westen und Norden lässt
sich kein Zusammenhang nachweisen.

### Stimmt nur für den Süden!
Die Regenmessgeräte haben es gezeigt:
- diese Regel gilt in Norddeutschland nur in
  3 von 10 Jahren
- in Ostdeutschland in 4 von 10 Jahren
- in Westdeutschland in 3 von 10 Jahren
- in Mitte in 5 von 10 Jahren
- nur im Süden stimmt sie in 6 von 10 Jahren

„April nass und kalt,
wächst das Korn wie ein Wald."

Ein feuchter oder gar nasser und kühler April ist
für die Ernte sehr gut. Der Boden saugt die Feuchtigkeit dankbar auf und speichert sie für den kommenden Sommer.

„April trocken –
macht die Keime stocken."

„April kalt und trocken,
macht alles Wachstum trocken."

Feuchtigkeitsmangel in dieser wichtigen Wachs-
tumsphase kann zu erheblichen Ernteeinbußen
führen.

„Was im April blüht, erfriert oft im Mai."

Spätfröste stellen eine ständige Gefahr für die
Kirsch- und Apfelbaumblüten dar. Ende April
und Anfang Mai beginnt der Vollfrühling mit der
Apfelbaumblüte.

Die Angst der Bauern vor einem starken, späten
Frost im Mai ist groß, und tatsächlich gibt es an
den meisten Stellen Deutschlands alle zehn Jahre
einen Luftfrost. Bodenfrost im Mai ist noch viel
häufiger. Selbst im Juni sind alle zehn bis zwanzig
Jahre Bodenfröste zu erwarten.

„Wie's im April und Maien war,
so wird das Wetter im ganzen Jahr."

Eine Regel, die im direkten Widerspruch zur Bauernregel auf Seite 49 steht. Und tatsächlich ist an
ihr auch etwas dran. Denn in zwei von drei Fällen
folgt einem warmen April/Mai wirklich ein insgesamt warmer Sommer. Ein zu kaltes Frühjahr
dagegen sorgt auch für einen zu kalten Sommer.

### Stimmt für ganz Deutschland!

Temperaturmessungen haben bewiesen:
- diese Regel gilt in Norddeutschland in
  6 von 10 Jahren
- in Ostdeutschland in 7 von 10 Jahren
- in Westdeutschland in 6 von 10 Jahren
- in Deutschlands Mitte in 6 von 10 Jahren
- in Süddeutschland in 7 von 10 Jahren

**Mai**

# Bauernregeln im Mai

Der Wonnemonat Mai ist der Monat des Lebens. Der Frühling zeigt sich jetzt mit einer wunderschönen Pflanzen- und Blütenvielfalt. Das Leben blüht auf, trotz kurzer kalter Schauer.

Die Temperaturen steigen im Laufe des Wonne-
monats nur noch schwach an. Nur noch um ein bis
zwei Grad im Durchschnitt steigt das Tagesmittel
an. Allerdings legt die Sonnenscheindauer nur
noch schwach zu. Zur Monatsmitte zeigen sich die
Eisheiligen. In ganz Deutschland gehen die Mitteltemperaturen deutlich zurück. Häufig gibt es noch
Nachtfröste.

## Klassische Wetterphasen im Mai

| Datum | Bezeichnung | Wetterlage |
|---|---|---|
| 3.5. – 7.5. | Vormonsun | recht kühl, nass, wenig Sonne |
| 10.5. | Spätfrühling | sehr warm und sonnig, häufig schon über 25 °C, der 10.5. ist für lange Zeit der wärmste Tag |
| 13.5. – 15.5. | „Eisheilige" | deutlich kälter, letztmals Bodenfröste und verein- zelt Luftfröste möglich |
| 25.5. – 2.6. | Frühsommer | deutlich wärmer, höchste Temperatur am 28.5., aber auch häufig nass mit wenig Sonne |

### „Auf einen trockenen Mai folgt ein dürres Jahr."

Setzt man die Regenmengen vom Mai ins Verhältnis zum Gesamtjahr, ergibt sich nur ein schwacher Zusammenhang. Über einen Zeitraum von 30 Jahren lag der Zusammenhang bei etwas über 50 %. Nur in Süddeutschland war der Zusammenhang mit fast 70 % deutlich höher, dafür war er in Westdeutschland nicht vorhanden, ganz im Gegenteil: dort regnete es nach einem trockenen Mai im Jahresablauf wesentlich mehr als sonst.

### Stimmt nur für den Süden!

Die gemessenen Regenmengen zeigen:
- diese Regel gilt in Norddeutschland nur in 5 von 10 Jahren
- in Ostdeutschland in 5 von 10 Jahren
- in Westdeutschland in 3 von 10 Jahren
- in der Mitte Deutschlands in 5 von 10 Jahren
- nur im Süden klappt es in 7 von 10 Jahren

„Der Florian, der Florian (4.5.)
noch einen Schneehut setzen kann."

Kaltlufteinbrüche im Mai führen über die noch
kalte Nordsee manchmal eisige Luft bis ins Voral-
penland. Für Schnee im Flachland reicht es zumeist
nicht mehr, aber auf den Gipfeln der Mittelgebirge
und in den Alpen kann nochmals Schnee fallen.
Der ist aber meist auch schnell wieder weg.

„Nordwind im Mai
bringt Trockenheit herbei."

Eine Regel, die für uns in Deutschland fast immer
und zu jeder Jahreszeit gültig ist, da eine Luftströmung aus dem Norden meist trockene Luftmassen
zu uns führt.

Die Besonderheit im Mai, die wahrscheinlich auch
zur Entstehung dieser Regel geführt hat: Erstmals
können sich zu dieser Jahreszeit die ersten Hochdruckgebiete tagelang halten und so auch die Windrichtung für längere Zeit bestimmen. Die Temperaturen steigen dann auf 15 bis 20 °C, nachts kühlt es
sich aber auf 0 bis 5 °C ab und es friert häufig leicht.

„Pankraz, Servaz, Bonifaz und dazu die kalte Sophie
(12. – 15.5.) – vorher lache nie."

„Ehe nicht Pankratius, Servatius und Bonifazius
(12. – 14.5.) vorbei,
ist nicht sicher vor Kälte der Mai."

Auch im Mai kann es noch zu starken Kälteeinbrü-
chen kommen, wenn auch das oft sehr warme Wetter fast darüber hinwegtäuschen mag. Tatsächlich
fallen gerade im Zeitraum um den 12. bis 14. Mai
die Temperaturen häufig rapide ab, wodurch es in
den Tälern Bodenfrost und in den Höhenlagen sogar
Schneeschauer geben kann.

Die Bodenfrostwahrscheinlichkeit liegt in ganz
Deutschland immerhin bei 30 %, in ungünstigen
Lagen auch bei bis zu 50 %.

„St. Urban (25.5.) gibt der Kälte den Rest,
wenn Servatius (13.5.) noch was übrig lässt."

Vor allem für Bauern war und ist diese Weisheit
eine einfache Faustregel, bis zu welchem Zeitpunkt
noch mit Nachtfrösten gerechnet werden muss.
Denn laut Statistik treten sie ab Ende Mai nur noch
ganz selten bei Kaltlufteinbrüchen in ungünstigen
Lagen auf.

„Ist St. Urban (25.5.) schön und rein,
bringt der Herbst viel guten Wein."

Der Sankt-Urban-Tag dient auch als Stichtag für
einen Ausblick auf den Herbst. Allerdings ist zwischen der Mai-Witterung und dem Wetter im
Herbst kein direkter Zusammenhang zu entdecken.
Immerhin zeigt die Wetterstatistik aber doch, dass
die Wahrscheinlichkeit für viel Sonne im Herbst
recht hoch ist, wenn schon Ende Mai die Sonne
häufig schien.

*„Auf einen nassen Mai folgt ein trockener Juni.“*

Die Bauernregel lässt sich so nicht bestätigen.
Nur für die Mitte und den Süden gibt es einen
schwachen Zusammenhang. In den anderen Teilen Deutschlands folgen trockene, durchschnitt-
liche und feuchte Junimonate mit gleicher Wahrscheinlichkeit. In Ostdeutschland ist die Wahrscheinlichkeit für einen feuchten Juni nach
einem feuchten Mai erhöht.

### Stimmt nur für den Süden!

Die gemessenen Werte der Regenmenge
beweisen es:
- diese Regel gilt in Norddeutschland nur in
  4 von 10 Jahren
- in Ostdeutschland in 2 von 10 Jahren
- in Westdeutschland in 3 von 10 Jahren
- in Deutschlands Mitte in 5 von 10 Jahren
- im Süden jedoch in 7 von 10 Jahren

# Bauernregeln im Juni

Für die Meteorologen ist der Juni der erste Sommermonat, astronomisch beginnt der Sommer je nach Jahr am 21. oder 22. Juni. Die Temperaturen steigen im Vergleich zum Mai in Etappen nochmals stark an.

Im Juni wird weiterhin wärmer. Doch der Monat kann in Deutschland sehr unterschiedlich ablaufen. Bestimmen Hochdruckgebiete das Wetter, ist es sonnig warm, bei Tiefdruckgebieten feucht und nass.

## Klassische Wetterphasen im Juni

| Datum | Bezeichnung | Wetterlage |
|---|---|---|
| 6.6. | Schafskälte | meist feucht und nass, die Mitteltemperatur geht um fast 2 °C zurück |
| 18.6. – 22.6. | Frühsommer | häufig warm und sonnig |
| 27.6. – 30.6. | Siebenschläfer | in Jahren mit Hochdruckeinfluss sehr warm und sonnig, sonnigster Tag des Jahres am 24.6. mit fast 11 Stunden Sonnenschein im Jahresdurchschnitt |

Das Wetter im Juni wechselt mit den Windrichtungen noch recht häufig, da die Europa umgebenden Meere noch nicht wirklich erwärmt sind. Die großen Temperaturunterschiede führen daher häufig zu wechselhaftem Wetter.

*„Menschensinn und Juniwind*
*ändern sich geschwind."*

*„Der Wind dreht sich um St. Veith (15.6.),*
*da legt sich das Laub auf die andere Seit."*

*„St. Veith bringt Regen mit."*

Ende Mai und Anfang Juni bestimmen häufig stabile Hochdruckgebiete das Wetter, so dass in diesem Zeitraum die Tage mit der geringsten Regenwahrscheinlichkeit des Jahres liegen.

Der Juni ist für den Bauern sehr wichtig. Wärme und ausreichend Regen sorgen für eine gute Ernte.

*„Soll gedeihen Korn und Wein,*
*muss im Juni Wärme sein."*

*„Wie soll der Juni sein?*
*Warm mit Regen und Sonnenschein."*

Am Junianfang versucht die folgende Bauernregel
schon bis zum Ende des Monats zu schauen:

**„Wie's Wetter zu Metardi (8.6.) fällt,
es bis zum Monatsende hält."**

Es klingt fast zu einfach, und doch trifft diese Regel
ganz gut: Regnet es häufig um diesen Tag, gibt es
auch in den Folgetagen bis Ende Juni immer wieder
Regen. Bei Trockenheit stimmt die Regel nicht so
gut. Insbesondere in Norddeutschland und Westdeutschland liegen die Ergebnisse dann nur wenig
über 50%.

**Stimmt bei schlechtem Wetter in ganz Deutschland!**
Die Regenmengenaufzeichnungen zeigen:
- in Norddeutschland gilt diese Regel in
  6 von 10 Jahren
- in Ostdeutschland in 7 von 10 Jahren
- in Westdeutschland in 6 von 10 Jahren
- in der Mitte Deutschlands in 6 von 10 Jahren
- und in Süddeutschland in 7 von 10 Jahren

Mitte Juni erreichen dann meist wieder die ersten Tiefausläufer Deutschland, es regnet häufig und der Wind wechselt öfter die Richtung, bringt also auch kalte Luftmassen nach Deutschland. Eingebürgert hat sich hierfür der Begriff „Schafskälte".

Ein nasser und kühler Juni kann katastrophal für die Ernteentwicklung sein. Im „Jahr ohne Sommer" (1816), ausgelöst durch den Ausbruch des Vulkans Tambora in Indonesien im Jahr zuvor, war der Juni sehr kalt. Die Folge waren Schneeregen und Schnee in den Mittelgebirgen und eine extreme Hungersnot.

**„Juni kalt und nass,**
**lässt leer Scheuer und Fass."**

**„Wenn kalt und nass der Juni war,**
**verdirbt er meist das ganze Jahr."**

Die Wetterlagen, die sich Ende Juni, Anfang Juli
einstellen, zeigen eine deutliche Tendenz für den
folgenden Sommer, wie dies detailliert die Analyse
der Siebenschläferregel demonstriert:

*„Regnet es am Siebenschläfertag (27.6.),
es noch sieben Wochen regnen mag."*

*„Das Wetter am Siebenschläfertag
sieben Wochen bleiben mag."*

Die eingängige Siebenschläferregel ist bis heute
eine der bekanntesten Bauernregeln und sie stimmt
für weite Teile Deutschlands, wobei der wahre Siebenschläfertag aufgrund der Kalenderreform der
7. Juli ist. Testet man die Siebenschläferregel mit
den Wetterdaten von Ende Juni auf den Juli, ergeben sich, abgesehen von Norddeutschland, recht
gute Ergebnisse. Noch besser wird der Zusammenhang, wenn das Wetter Anfang Juli getestet wird.
In einigen Teilen Deutschlands stimmte die Siebenschläferregel in neun von zehn Jahren.

**Stimmt für ganz Deutschland!**
Die Messung der Sonnenstunden beweist es:
- diese Regel gilt in Norddeutschland in
  6 von 10 Jahren
- in Ostdeutschland in 7 von 10 Jahren
- in Westdeutschland in 7 von 10 Jahren
- in der Mitte in 8 von 10 Jahren
- im Süden in 8 von 10 Jahren

„Stellt der Juni mild sich ein,
wird's auch der September/Dezember sein."

Der ganz weite Blick in die Zukunft lässt sich hier
nicht wirklich bestätigen. Zwischen einem statistisch zu warmen Juni und einem milden September
lässt sich kein wirklicher Zusammenhang finden.
Zum Dezember ist eine etwas bessere Korrelation
vorhanden. Sicher sind die Ergebnisse aber nicht.

**Stimmt nicht!**
Temperaturmessungen zeigen:
- diese Regel trifft in Norddeutschland nur in
  4 von 10 Jahren zu
- in Ostdeutschland in 4 von 10 Jahren
- in Westdeutschland in 3 von 10 Jahren
- in Deutschlands Mitte in 5 von 10 Jahren
- und in Süddeutschland in 6 von 10 Jahren

# Bauernregeln im Juli

Im Juli erreichen die Temperaturen ihren Höchststand – etwa 14 Tage später als die Sonne.

Für den Bauern ist Sonnenwärme im Juli in der Erntezeit sehr willkommen.

Die höchsten Mitteltemperaturen des Jahres mit
weit über 20 °C werden im Juli erreicht. Der Hoch-
sommermonat kann in Deutschland je nach Verlauf
der Westwindzone sehr unterschiedlich verlaufen.

## Klassische Wetterphasen im Juli

| Datum | Bezeichnung | Wetterlage |
|---|---|---|
| 1.7. – 3.7. | Hochsommer | viel Sonne, warm |
| 7.7. – 11.7. | Monsunwelle | viel Regen, kühl |
| 17.7. – 22.7. | Monsunwelle | Schauer und Gewitter, kühl |
| ab 23.7. | Hochsommer | im Durchschnitt wärmste Zeit des Jahres, weniger Regen, viel Sonne, 28. und 29.7. wärmste Tage des Jahres |

*„So golden die Sonne im Juli strahlt,
so golden sich der Roggen mahlt."*

*„Im Juli recht viel Sonnenschein,
wird jedem Bauern willkommen sein."*

Neben dem Juni, ist der Juli für den Bauern der
wichtigste Monat des Jahres. Von allen Wetterele-
menten im rechten Maß soll es etwas geben, dann
wird die Ernte gelingen.
Größter Feind des Bauern im Sommer ist der Hagel.
Ganze Ernten werden durch ein Hagelgewitter ver-
nichtet.

*„Hagelt es im Juli und August,
ist es aus mit des Bauern Freud und Lust."*

Viele Juli-Bauernregeln sind Varianten der berühm-
ten „Siebenschläferregel", die allgemein auf den
27. Juni bezogen wird. Doch wegen der Verschie-
bung durch die gregorianische Kalenderreform im
Jahre 1582 müsste der Stichtag für die „Sieben-
Wochen-Prognose" inzwischen der 7. Juli sein.

**„Das Wetter am Siebenschläfertag (hier 7.7.)
sieben Wochen bleiben mag."**

In diesem Zeitraum beruhigt sich häufig die Wetterlage über Europa, die west-östlichen Zugbahnen der
Hoch- und Tiefdruckgebiete bleiben dann über
Wochen relativ konstant, es gibt nicht mehr den
schnellen Wechsel, der zum Beispiel das unbestän-
dige Aprilwetter ausmacht. Nun können sich Wetterlagen länger über Europa stabilisieren. Bei Hoch-
druckgebieten führt das zu trockener, warmer Luft
und einem Himmel mit wenigen Wolken.

**„Fällt Regen am Heimsuchungstag (2.7.),
vier Wochen lang er währen mag."**

Die Ergebnisse sind, mit Ausnahme des Nordens,
überragend. In der Mitte Deutschlands zeigte die
Sonnenscheindauer Anfang Juli an, wie in etwa die
Sonnenscheindauer des gesamten Monats abschnei-
den wird. Nur in einem Jahr stimmte das Ergebnis
nicht. Beim Niederschlag und bei der Anzahl der
Regentage gibt es ganz ähnliche Tendenzen.

**Stimmt für ganz Deutschland!**
Die Messungen der Sonnenscheindauer vom
5.7. bis 9.7. zeigen es:
- die Regel gilt in Norddeutschland in
  6 von 10 Jahren
- in Ostdeutschland in 8 von 10 Jahren
- in Westdeutschland in 8 von 10 Jahren
- in der Mitte Deutschlands in 9 von 10 Jahren
- und im Süden in 8 von 10 Jahren

**„Genauso wie der Juli war,
wird nächstes Mal der Januar."**

Eine wissenschaftliche Begründung lässt sich nicht finden, aber interessanterweise steckt auch in diesen Bauernregeln eine Portion Wahrheit: Ist der Juli zu warm, folgt mit einer Wahrscheinlichkeit von etwas mehr als 60 % ein zu kalter Januar.

**Stimmt tendenziell für ganz Deutschland!**
Die Messungen der Temperaturen zeigen es:
- diese Regel gilt Norddeutschland in 6 von 10 Jahren
- in Ostdeutschland in 7 von 10 Jahren
- in Westdeutschland in 7 von 10 Jahren
- in der Mitte Deutschlands in 6 von 10 Jahren
- und ebenfalls im Süden in 6 von 10 Jahren

*„Sind um Jakobi (25.7.) die Tage warm,*
*gibt's im Winter viel Kälte und Harm."*

Jedoch lässt sich dieser zwar schwache, aber zumindest teilweise vorhandene Zusammenhang der vorherigen Bauernregel nicht auf den gesamten Winter übertragen – hier sind warme und kalte Monate gleich wahrscheinlich.

**Stimmt in ganz Deutschland nicht!**

*„Was der Juli verbricht,*
*rettet der September nicht."*

*„Was Juli und August nicht kochen,*
*kann kein Nachfolger kochen."*

Ohne ausreichende Wärme und Sonnenschein können die Trauben nicht groß und süß werden. Der September kann die Wärme dazu nicht mehr liefern, wenn Juli und August zu kühl waren. Auch ein warmer und sonniger September kann einen schlechten Sommer nicht retten.

# August

# Bauernregeln im August

Der August kann sehr hochsommer-
lich ausfallen, im Mittel aber sinken
die Temperaturen schon ganz langsam ab. Auch die Sonnenscheindauer fällt niedriger aus als im Juni
oder Juli.

Nochmals werden um den 5. August zehn Sonnenstunden im Mittel gemessen. Die Zeit der großen Hitze ist aber noch nicht vorbei. Bis Mitte August können die Temperaturen fast 40 °C erreichen. Erst zum Ende des Monats fehlt der Sonne dann langsam die Kraft für solche Wärmegrade.

## Klassische Wetterphasen im August

| Datum | Bezeichnung | Wetterlage |
|---|---|---|
| 7.8. | Hochsommer | sonnig und warm |
| 18. und 19.8. | Hochsommer | sonnig und sehr warm |
| 20.8. – 24.8. | späte Monsunwelle | häufig Schauer und Gewitter |
| Ende August | späte Monsunwelle | häufig Schauer, kühl |

Die folgenden Bauernregeln versuchen einen
Zusammenhang zwischen den August und dem
Winter herzustellen:

*„Ist es in der ersten Augustwoche heiß,*
*bleibt der Winter lange weiß."*

**Stimmt nicht!**
Langjährige Temperaturaufzeichnungen beweisen:
– diese Regel gilt Norddeutschland nur in
  5 von 10 Jahren
– in Ostdeutschland in 4 von 10 Jahren
– in Westdeutschland in 3 von 10 Jahren
– in Deutschlands Mitte in 5 von 10 Jahren
– in Süddeutschland in 6 von 10 Jahren

*„Wittert es viel im August,*
*du nassen Winter erwarten musst."*

**Stimmt nicht!**
Die Messungen der Regenmengen zeigen es:
– diese Regel stimmt in Norddeutschland nur in
  5 von 10 Jahren
– in Ostdeutschland in 4 von 10 Jahren
– in Westdeutschland in 3 von 10 Jahren
– in der Mitte in 5 von 10 Jahren
– und im Süden in 6 von 10 Jahren

Viele Bauernregeln stellen einen Zusammenhang zwischen einem warmen August und einem kalten Winter her. Aber diese Regeln lassen sich so nicht bestätigen. Das Gegenteil ist der Fall:

**„Wie der August war,
wird der künftige Februar."**

Mit einer Wahrscheinlichkeit von immerhin 75 % folgt einem im Durchschnitt zu warmen August ein zu milder Februar.

**Stimmt in ganz Deutschland!**
Die Messungen der Temperaturen zeigen es:
- diese Regel stimmt in Norddeutschland in 7 von 10 Jahren
- in Ostdeutschland in 7 von 10 Jahren
- in Westdeutschland in 8 von 10 Jahren
- in der Mitte Deutschlands in 8 von 10 Jahren
- und im Süden in 8 von 10 Jahren

## „Schöner Laurentiustag (10.8.) – trockener Herbst."

Dies ist eine der besten Bauernregeln überhaupt. Ist
es um den 10. August herum zu trocken, dann ist
der meteorologische Herbst (also September bis
November) ebenfalls deutlich zu trocken. Auch für
die Sonnenscheindauer gilt die Regel: Gibt es mehr
Sonne als üblich im Zeitraum um den 10. August,
dann werden mit einer Wahrscheinlichkeit von 82 %
die Monate September bis November ebenfalls sonniger als im Durchschnitt.

### Stimmt für ganz Deutschland!

Die Sonnenscheindauer beweist:
- diese Regel gilt Norddeutschland in
  8 von 10 Jahren
- in Ostdeutschland in 8 von 10 Jahren
- in Westdeutschland in 8 von 10 Jahren
- in Deutschlands Mitte in 8 von 10 Jahren
- und in Süddeutschland in 8 von 10 Jahren

Der August ist der Monat der Getreideernte. Trockenes und heißes Wetter ist dem Bauern willkommen.

*„August ohne Feuer macht das Brot teurer."*

Auch der Winzer wünscht sich einen heißen und trockenen August, denn jetzt bekommen die Weintrauben ihre Süße. Ist der August verregnet, bleiben die Trauben klein und der Wein eher sauer.

*„Je dicker die Regentropfen im August,*
*je dünner wird der Most."*

*„Was die Hundstage (23.7. – 23.8.) gießen,*
*muss der Winzer büßen."*

Stabile Wetterlagen im August gehen mit Nord- und Ostwinden einher. Das Hochdruckgebiet schiebt sich, zumeist von den Azoren kommend, über die Britischen Inseln nach Nordwesten. Es bleibt dann über der Nordsee oder dem Kanalgebiet liegen. Dadurch kommt es in Mitteleuropa zu Ost- und Nordwinden, wie die folgende Wetterregel dies treffend beschreibt:

*„Wenn es im August aus Norden weht, beständiges*
*Wetter vor dir steht."*

Diese Strömungsverhältnisse können sich mit hoher Wahrscheinlichkeit durchaus zwei bis drei Wochen halten und begrenzen die Wärme. Es werden zwar tagsüber nach 14 Stunden Sonnenschein 30 °C erreicht, aber in der eher trockenen Luft kühlt es sich nachts auch entsprechend ab.

„**Wie das Wetter zu Kassian (13.8.),
hält es noch viele Tage an.**"

Die Regel stimmt teilweise. Regnet es in der Mitte
und im Osten Deutschlands um den 13.8. vermehrt,
ist die Regenmenge bis zum Monatsende erhöht.
Bessere Ergebnisse ergibt die Analyse der Hoch- und
Tiefdruckgebiete in diesem Zeitraum. Bestimmt ein
Hochdruckgebiet zur Augustmitte das Wetter über
Mitteleuropa, erhält sich das gute Wetter meist bis
zum Ende des Monats.

### Stimmt nur tendenziell für Teile Deutschlands!
Bei der Messung der Regenmenge ergibt sich:
- die Regel gilt Norddeutschland in 5 von 10 Jahren
- in Ostdeutschland in 6 von 10 Jahren
- in Westdeutschland in 6 von 10 Jahren
- in der Mitte in 6 von 10 Jahren
- im Süden in 4 von 10 Jahren

„**Wie das Wetter am Himmelfahrtstag (15.8.),
so es noch zwei Wochen sein mag.**"

Eine sehr wichtige Regel: Ist es in Deutschland sonnig in diesem Zeitraum, wird in zwei von drei Jahren das sonnige Wetter bis zum Monatsende anhal-
ten. Bei regnerischem Wetter hält das regnerische
Wetter ebenfalls bis zum Monatsende mit hoher
Wahrscheinlichkeit an.

### Stimmt in ganz Deutschland!

Bei Sonnenschein gilt diese Regel:
- in Norddeutschland in 6 von 10 Jahren
- in Ostdeutschland in 7 von 10 Jahren
- in Westdeutschland in 6 von 10 Jahren
- in der Mitte Deutschlands in 7 von 10 Jahren
- in Süddeutschland in 6 von 10 Jahren

„**Wie sich an Bartholomäus (24.8.) das Wetter verhält, so ist es auch im Herbst bestellt.**"

Ist es Ende August besonders warm, ist meist auch der Herbst recht mild. Immerhin in drei von vier Fällen stimmt diese Regel in ganz Deutschland. Besonders Oktober und November fallen dann zu warm aus, der September ist meist nur durchschnittlich warm. Auch bei der Sonnenscheindauer zeigen sich ähnliche Ergebnisse. Ist es Ende August sonnig, wird der Herbst sonnig.

**Stimmt in ganz Deutschland!**

Die Anzahl der Sonnenstunden zeigt:
- in Norddeutschland gilt diese Regel in 7 von 10 Jahren
- in Ostdeutschland in 8 von 10 Jahren
- in Westdeutschland in 8 von 10 Jahren
- in Deutschlands Mitte in 8 von 10 Jahren
- und im Süden in 8 von 10 Jahren

September

# Bauernregeln
im September

Der September ist der erste
meteorologische Herbstmonat.
Die Temperaturen fallen besonders
in den Nächten stark ab und in
den Mittelgebirgen gibt es oft den
ersten Bodenfrost.

Im September sinken die Temperaturen rasant ab.
Der Übergangsmonat September zwischen Sommer
und Herbst bietet in vielen Jahren aber schönes
Wetter und wenige Regentage.

## Klassische Wetterphasen im September

| Datum | Bezeichnung | Wetterlage |
| --- | --- | --- |
| 6.9. – 10.9. | Spätsommer | häufig trocken, sonnig, wenig Regen |
| 22. und 23.9. | späte Monsunwelle | kühl, Schauerwetter |
| 27.9. – 2.10. | Altweibersommer | viel Sonne, wenig Regen, mild |

**„Der September ist der Mai des Herbstes."**

Kurz und prägnant trifft es diese Bauernregel ziemlich genau, denn September und Mai sind zum Beispiel bei den Temperaturen sehr ähnlich: Tagsüber liegen sie bei 20 °C, nachts kann es schon einmal deutlich unter 10 °C kalt werden.

Insbesondere die ersten Septembertage verraten, wie der ganze Monat und der Herbst werden könnte. Die Wahrscheinlichkeit, dass ein prima Altweibersommer auf uns wartet, ist recht hoch, wenn der Monatsanfang deutlich zu warm und sonnig verläuft.

**„Gib auf Ägidien (1.9.) wohl Acht,
es sagt dir, was der Monat macht."**

*„September schön in den ersten Tagen,*
*will den ganzen Herbst ansagen."*

Ähnlich wie die Bartholomäus-Bauernregel zu Ende
August stimmt uns die Wetterlage Anfang September auf den Herbst ein.

Ein stabiles Hoch in den ersten Septembertagen
steht für einen trockenen und sonnigen Herbst.
Regnet es dagegen viel am Monatsanfang, wird es in
zwei von drei Jahren einen zu nassen September
geben.

**Stimmt in ganz Deutschland!**
Die Aufzeichnungen der Sonnenstunden belegen es:
– diese Regel gilt in Norddeutschland in
   7 von 10 Jahren
– in Ostdeutschland in 8 von 10 Jahren
– in Westdeutschland in 8 von 10 Jahren
– in Deutschlands Mitte in 8 von 10 Jahren
– im Süden in 8 von 10 Jahren

*„Wie sich das Wetter an Maria Geburt (8.9.) verhält,*
*so ist es noch weitere vier Wochen bestellt."*

Eine stabile Wetterlage Anfang September hält sich
häufig längerfristig. Auch um den 8. September
lässt sich eine Aussage für den ganzen September
treffen. Ist es überwiegend freundlich, wird es
schön bleiben.

### Stimmt für ganz Deutschland!

Messungen der Regenmengen haben erwiesen:
- diese Regel gilt in Norddeutschland in
  7 von 10 Jahren
- in Ostdeutschland in 8 von 10 Jahren
- in Westdeutschland in 8 von 10 Jahren
- in der Mitte in 8 von 10 Jahren
- im Süden in 7 von 10 Jahren

„Ist es hell am Kreuzerhöhungstag (14.9.),
so folgt ein strenger Winter nach."

Es gibt nur eine schwache Tendenz, die diese Regel
unterstützt. In ca. 60 % aller Fälle ist es bei sonnigem
Wetter in diesem Zeitraum im Winter leicht zu kalt.

**Stimmt tendenziell für Teile Deutschlands!**
Durch Temperaturmessungen wurde festgestellt:
– diese Regel gilt in Norddeutschland in
  5 von 10 Jahren
– in Ostdeutschland in 6 von 10 Jahren
– in Westdeutschland in 6 von 10 Jahren
– in der Mitte Deutschlands in 6 von 10 Jahren
– und in Süddeutschland in 6 von 10 Jahren

„Trocken wird das Frühjahr sein,
ist St. Lambert (17.9.) klar und rein."

**Stimmt tendenziell für weite Teile Deutschlands!**
Langjährige Aufzeichnungen der Regenmengen
zeigen:
- diese Regel gilt in Norddeutschland in
  6 von 10 Jahren
- in Ostdeutschland in 7 von 10 Jahren
- in Westdeutschland in 6 von 10 Jahren
- in Deutschlands Mitte in 6 von 10 Jahren
- im Süden in 6 von 10 Jahren

Im Herbst ist Erntezeit. Der Bauer sieht die Früchte
seiner Arbeit, während der Winzer noch auf gute
Witterung hofft. Hochdruckgebiete mit Sonnenschein und hohen Temperaturen geben den Trauben Kraft und sorgen für einen guten Wein.
Dies wird sehr schön in dieser Bauernregel aus-
gedrückt:

„Septemberregen – dem Bauern Segen,
dem Winzer Gift, wenn er ihn trifft."

„**Kommt der Michel (29.9.) heiter und schön, wird's vier Wochen weitergehen.**"

Beobachtet man das Wetter im Zeitraum um den 29. September, so lässt sich tatsächlich eine gute Prognose für den Oktober abgeben. Ist es sonnig, wird auch der Oktober mit einer Wahrscheinlichkeit von über 70 % sonnig weitergehen. Die Wetterlage ändert sich nicht so rasch.

### Stimmt in ganz Deutschland!

Die Messungen der Sonnenscheindauer belegen es:
- diese Regel gilt in Norddeutschland in 6 von 10 Jahren
- in Ostdeutschland in 7 von 10 Jahren
- in Westdeutschland in 6 von 10 Jahren
- in der Mitte in 7 von 10 Jahren
- im Süden in 7 von 10 Jahren

## „Ist der September lind, wird der Winter ein Kind."

Diese Bauernregel wagt einen sehr weiten Ausblick und stimmt dabei erstaunlich oft! Ist der September deutlich zu warm, wird der Winter (also Dezember bis Februar) im Vergleich zu den Durchschnittswerten ebenfalls zu mild. Besonders der Februar ist dann mit einer Wahrscheinlichkeit von 85 % zu warm.

### Stimmt für ganz Deutschland!

Temperaturaufzeichnungen beweisen es:
- diese Regel gilt in Norddeutschland in 7 von 10 Jahren
- in Ostdeutschland in 8 von 10 Jahren
- in Westdeutschland in 7 von 10 Jahren
- in der Mitte Deutschlands in 7 von 10 Jahren
- und in Süddeutschland in 8 von 10 Jahren

# Oktober

# Bauernregeln im Oktober

Der Oktobermonat kann ähnlich
wie der April zwei Gesichter haben.
Manchmal kommt der Winter schon
recht früh, wie zum Beispiel im Jahr
2003, in dem es selbst im Flachland
schneite. In anderen Jahren gibt
es tagsüber fast noch sommerliche
Wärme von mehr als 20 °C.

Der Oktober ist der eigentliche Herbstmonat. Die Anzahl der trüben und regnerischen Tage nimmt zu. Die Mitteltemperaturen sinken unter die 10-Grad-Marke und werden erst Anfang April diese Marke wieder erreichen.

## Klassische Wetterphasen im Oktober

| Datum | Bezeichnung | Wetterlage |
|---|---|---|
| 17.10. – 20.10. | Herbst-witterungs-umschlag | erstmals nasskalt, wechselhaft, in manchen Jahren schon Schnee/Schneeregen |
| 25. und 26.10. | Herbst-milderung | oft sehr mild, aber mit Regen, nur wenig Sonnenschein |

*„Oktoberhimmel voller Sterne*
*haben warme Öfen gerne."*

Diese Weisheit trifft in der gesamten kalten Jahreszeit zu und lässt sich durch einfache Physik erklären: In sternenklaren Nächten kühlen sich Boden
und Luft stärker ab als bei einem bedeckten Himmel. Wolken bremsen nämlich die Abstrahlung der
Wärme in den Weltraum.

Zudem werden im Oktober die Nächte merklich
länger und somit verkürzt sich die Zeit der Erwärmung durch die Sonne. Nachts kann deshalb schon
Frost auftreten, am Boden an ungünstigen Stellen
sogar bis -5 °C!

„Gießt's an St. Gallus (16.10.) wie ein Fass,
wird der nächste Sommer nass."

Untersucht man die Regenmenge um den 16. Oktober, zeigt sich kein wirklicher Zusammenhang mit
der Regenmenge im nächsten Sommer. Trockene,
feuchte und „normale" Sommer folgen mit ähnli-
cher Wahrscheinlichkeit. Nur in Süddeutschland
gab es in fünf von zehn Jahren deutlich mehr Regen
im Sommer. Auch große Regenmengen um den
16. Oktober zeigten keine Tendenz für den nächsten Sommer.

**Stimmt nicht!**
Die Messungen der Regenmenge belegen es:
- diese Regel gilt in Norddeutschland nur in
  1 von 10 Jahren
- in Ostdeutschland in 3 von 10 Jahren
- in Westdeutschland in 3 von 10 Jahren
- in Deutschlands Mitte in 4 von 10 Jahren
- im Süden in 5 von 10 Jahren

„Ist der Oktober warm und fein,
kommt ein scharfer Winter drein,
ist er aber nass und kühl,
mild der Winter werden will."

Ist der Oktober um mindestens zwei Grad zu kalt,
dann wird der Winter mit sehr hoher Wahrscheinlichkeit zu warm ausfallen! Ist der Oktober dagegen
zu warm und zu trocken (mindestens zwei Grad
wärmer als normal), dann ist in neun von zehn
Fällen ein zu kalter Winter und besonders ein zu
kalter Januar zu erwarten.

### Stimmt für ganz Deutschland!
Durch Temperaturmessungen wurde festgestellt:
- diese Regel gilt in Norddeutschland in
  8 von 10 Jahren
- in Ostdeutschland in 9 von 10 Jahren
- in Westdeutschland in 8 von 10 Jahren
- in Deutschlands Mitte in 8 von 10 Jahren
- und in Süddeutschland in 7 von 10 Jahren

## „Oktober rau – Januar flau."

Es gibt tatsächlich – wie schon auf der vorigen Seite-gezeigt – einen Zusammenhang zwischen einem kalten Oktober und einem warmen Januar. Mehrfach in den letzten 100 Jahren wurde dieser Zusammenhang untersucht. Die Wetterumstellung im Herbst signalisiert, wie der Winter werden könnte.

Die Erklärung des erstaunlichen Ergebnisses: Gibt es im Oktober häufig Hochdruckwetterlagen, so ist im Januar ebenfalls mit Hochdruckwetter zu rechnen. Im Herbst ermöglichen diese viel Sonnenschein, Trockenheit und Wärme. Im Januar jedoch sorgen sie für bittere Kälte.

„Wenn Simon und Judas (28.10.) vorbei,
ist der Weg dem Winter frei."

In den letzten Oktobertagen sinkt die mittlere Lufttemperatur rasch ab. Die allerletzten Blätter fallen
von den Bäumen und das Quecksilber nähert sich
immer mehr der Null-Grad-Marke. Nachts gibt es
häufig Frost und der erste Schnee fällt gegen
November auch im Flachland.

Die Oktoberwitterung spielt dann für Bauer und
Winzer nicht mehr so eine große Rolle. Jetzt hofft
man auf Regen für die frisch bestellten Äcker.

„Bringt der Oktober viel Regen,
ist es für die Felder ein Segen."

# Bauernregeln
im November

Für den Bauern fängt jetzt die ruhige Zeit an. Feldarbeiten fallen kaum noch an. Bis Mitte Februar herrscht auf den Feldern Winterruhe. Dafür beginnt jetzt in den Wäldern die Arbeit. Im November fallen die Temperaturen weiter ab und häufig fällt schon der erste Schnee, der aber meist nur kurz bleibt.

Im November sinken die Temperaturen auf Winterniveau ab. In den ersten Tagen liegen die Mitteltemperaturen noch in der Nähe der 10-Grad-Marke. Nach der Herbstmilderung um den 5. November geht es mit den Temperaturen deutlich abwärts.

## Klassische Wetterphasen im November

| Datum | Bezeichnung | Wetterlage |
| --- | --- | --- |
| 1. und 2.11. | Spätherbst | etwas Regen |
| 5. und 5.11. | Herbstmilderung | sonnig, wenig Regen, mild |
| 19. und 20.11. | Spätherbst | wenig Regen, Nebel und Sonne halten sich die Waage, es wird kälter |

„**November tritt oft hart herein,
muss nicht viel dahinter sein.**"

Startet der November kalt, bedeutet das noch lange nicht, dass der gesamte Winter kalt wird.
Nach einer kurzen kalten Phase setzt sich häufig nochmals mildes Wetter im November durch.

### Stimmt in ganz Deutschland!

Langjährige Temperaturaufzeichnungen stehen dafür:

- diese Regel gilt in Norddeutschland in 9 von 10 Jahren
- in Ostdeutschland in 9 von 10 Jahren
- in Westdeutschland in 10 von 10 Jahren
- in der Mitte Deutschlands in 9 von 10 Jahren
- und in Süddeutschland in 9 von 10 Jahren

Starken Frost früh im November sieht der Bauer ungern, da der Boden und die Saat stark auskühlen und Schaden nehmen können. Ein warmer, feuchter November dagegen ist unproblematisch.

„**November hell und klar,
ist übel fürs nächste Jahr.
November warm und klar,
keine Sorgen für das nächste Jahr.**"

**„Wenn der Winter vor Allerheiligen (1.11.) nicht kommt, kommt er nicht vor Martini (11.11.)."**

Neben „Altweibersommer" und „goldenem Oktober" hat eine weitere Schönwetter-Periode einen eigenen Namen erhalten: Anfang November können sich häufiger Hochdruckgebiete mit milder Luft über Europa halten und für Sonnenschein sorgen. Dieser Zeitraum wird deshalb auch als europäischer „Nachsommer" bezeichnet. Ist es Ende Oktober mild, dann bleibt es auch mit hoher Wahrscheinlichkeit bis Martini mild.

**Stimmt in ganz Deutschland!**
Temperaturaufzeichnungen beweisen es:
- diese Regel gilt in Norddeutschland in 8 von 10 Jahren
- in Ostdeutschland in 8 von 10 Jahren
- in Westdeutschland in 10 von 10 Jahren
- in der Mitte Deutschlands in 9 von 10 Jahren
- und in Süddeutschland in 9 von 10 Jahren

**„Ist Martini (11.11.) klar mit Sonnenschein,
bricht bald ein kalter Winter herein."**

**„Hat Martini einen weißen Bart,
wird der Winter hart."**

Ob Schneedecke oder Sonnenschein: beide Wetterbeobachtungen ergaben keinen belastbaren Zusammenhang. Ist es Anfang November sonnig, kann nur
für den Süden ein schwacher Zusammenhang zwischen einem kommenden kalten Winter und viel
Sonne um Martini hergestellt werden.

**Stimmt tendenziell nur im Süden!**
Die Sonnenscheindauer belegt:
- diese Regel trifft zu in Norddeutschland in
  5 von 10 Jahren
- in Ostdeutschland in 5 von 10 Jahren
- in Westdeutschland in 5 von 10 Jahren
- in der Mitte Deutschlands in 5 von 10 Jahren
- im Süden in 6 von 10 Jahren

„**Wie der Tag zu Kathrein (25.11.),**
**wird der nächste Februar bzw. Neujahr sein.**"

Diese Bauernregel hält unserem Test zumindest
teilweise stand: Ist es um den 25. November zu trocken, wird mit hoher Wahrscheinlichkeit (über
80 %!) auch der Februar zu trocken. Allerdings sehen
die Ergebnisse für den Norden schlechter aus. Auch
bei zu viel Feuchtigkeit um den 25. November wird
der Februar zu feucht. Ein Zusammenhang mit dem
Neujahrstag findet sich allerdings nicht. Und bei
einem sonnigen 25. November stimmt die Bauernregel nur in Süddeutschland mit 7 von 10 Jahren
recht gut.

**Stimmt für viele Teile Deutschlands!**
Die Messungen der Regenmengen zeigen es:
– diese Regel gilt in Norddeutschland in
  6 von 10 Jahren
– in Ostdeutschland in 8 von 10 Jahren
– in Westdeutschland in 6 von 10 Jahren
– in Deutschlands Mitte in 8 von 10 Jahren
– in Süddeutschland in 8 von 10 Jahren

**„Friert im November zeitig das Wasser,
wird's im Januar umso nasser."**

Auf den ersten Blick ein wirklich kurioser Zusammenhang. Aber tatsächlich bestätigen die langjährigen Wetteraufzeichnungen diese Regel: Je häufiger es Anfang November friert, desto mehr Regentage gibt es im Januar. Und das mit einer erstaunlichen Genauigkeit – im Süden und Osten von teilweise mehr als 80 %!

Ist es im Oktober/November schon winterlich kalt, dann bilden sich im Hochwinter häufig milde Westlagen aus, die Regenwetter bringen. Gute Beispieljahre dafür sind 1997 mit frühen Frösten Anfang November und auch 1999. Im Januar gab es dann mehr Regen und Wind.

### Stimmt für ganz Deutschland!

Durch die Temperaturaufzeichnungen wurde es belegt:
- diese Regel gilt Norddeutschland in 7 von 10 Jahren
- in Ostdeutschland in 9 von 10 Jahren
- in Westdeutschland in 7 von 10 Jahren
- in der Mitte Deutschlands in 7 von 10 Jahren
- im Süden Deutschlands in 8 von 10 Jahren

# Dezember

# Bauernregeln im Dezember

Der Bauer hofft auf einen starken, kalten Winter. Mildes Wetter im Winter kann für einen frühzeitigen Frühling sorgen. Spätfröste lassen dann erhebliche Schäden entstehen.

Der Dezember ist der erste meteorologische Winter-
monat. Nach Nikolaus (6.12.) wird es recht schnell
kalt. Die kältesten Temperaturen werden aber erst
viele Tage nach dem Sonnentiefststand im Januar
erreicht.

## Klassische Wetterphasen im Dezember

| Datum | Bezeichnung | Wetterlage |
|---|---|---|
| 5. und 6.12. | Nikolaus-tauwetter | es wird nochmals mild, wenig Sonne, Regen |
| 8.12. – 23.12. | Vorwinter | häufig kalte Phase mit Schnee und Frost |
| 24.12. – 28.12. | Weihnachts-tauwetter | es ist meist mild mit Regen, nur an einzelnen Tagen Sonne |
| 30. und 31.12 | Hochwinter | häufiger Schnee als an den milden Weihnachtstagen, auch vermehrt Frost, mehr Sonne als sonst in den dunklen Tagen |

Wie wichtig für den Bauern ein kalter Dezember ist,
zeigen diese Bauernregeln:

**„Dezember warm – dass Gott erbarm."**

**„Auf kalten Dezember mit tüchtigem Schnee,
folgt ein fruchtbares Jahr mit Futter und Klee."**

**„Weihnachten frostig, sonnig, klar,
bringt ein günstig Wetterjahr."**

Einen Blick auf die gesamte Dezemberwitterung
wagt diese Bauernregel:

**„Fällt auf Eligius (1.12.) ein kalter Wintertag,
die Kälte noch vier Wochen bleiben mag."**

Ist es Ende November / Anfang Dezember zu kalt,
dann bleibt das Wetter bis kurz vor Weihnachten
eher kalt. Die Wetterlage hält meist bis kurz vor
Weihnachten. Der Grund ist die Erhaltungsneigung
der Großwetterlage in einem stabilen Hochdruckgebiet, das sich nicht so schnell von Tiefs verdrän-
gen lässt.

**Stimmt in ganz Deutschland mit hoher
Wahrscheinlichkeit!**
Durch Temperaturmessungen bezeugt:
- diese Regel gilt in Norddeutschland in
  8 von 10 Jahren
- in Ostdeutschland in 8 von 10 Jahren
- in Westdeutschland in 7 von 10 Jahren
- in der Mitte Deutschlands in 8 von 10 Jahren
- und in Süddeutschland in 8 von 10 Jahren

### „Schnee an Barbara (4.12) – Schnee an Weihnachten!"

Für Anhänger einer „weißen Weihnacht" ist dies die wahrscheinlich wichtigste Wetterregel des ganzen Jahres: Liegt Anfang Dezember Schnee, so liegt mit 70 – prozentiger Wahrscheinlichkeit auch über die Weihnachtstage eine weiße Decke, wenn man über einen Zeitraum von 50 Jahren die Wetterdaten auswertet. Ist der Boden Anfang Dezember schneefrei, so wird in mehr als 80 % der Fälle an Weihnachten kein Schnee liegen.

### Stimmt für Teile Deutschlands!
Wetterbeobachtungen zeigen es:
- diese Regel gilt in Norddeutschland in 7 von 10 Jahren
- in Ostdeutschland in 7 von 10 Jahren
- in Westdeutschland – zu wenige Fälle in den letzten Jahren
- in der Mitte Deutschlands in 7 von 10 Jahren
- und im Süden in 8 von 10 Jahren

### „Geht Barbara (4.12.) im Grünen, kommt das Christkind im Schnee."

Diese Regel wird von den langjährigen Wetteraufzeichnungen widerlegt.

„Wenn's auf Weihnacht ist gelind,
sich noch viel Kält einfind."

„Christtag feucht und nass,
gibt leere Speicher und Fass."

Nach einem zu warmen Weihnachtsfest folgen
meist noch Wochen mit Frostwetter, allerdings
nicht immer sofort.

In zwei von drei Fällen folgt um Neujahr oder im
Januar kurzzeitig Kälte. Der gesamte Monat Januar,
aber auch der Februar ist meist mild. Allerdings ist
nach mildem Weihnachtswetter und mildem Januar
eine erhöhte Wahrscheinlichkeit für Frostperioden
im März und April vorhanden.

**„Ist's an Weihnachten (25./26.12.) kalt,
ist kurz der Winter, das Frühjahr kommt bald."**

Tatsächlich ermöglicht das Weihnachtswetter einen
Blick auf das Frühjahr. Ist das Weihnachtsfest frostig, so folgt in fast 70 % der Fälle ein zu warmer Februar und mit einer etwas geringeren Wahrscheinlichkeit auch ein warmer März, also ein schnelles
Ende des Winters.

**Stimmt für ganz Deutschland!**
Temperaturmessungen bestätigen es:
- diese Regel gilt in Norddeutschland in
  7 von 10 Jahren
- in Ostdeutschland in 8 von 10 Jahren
- in Westdeutschland in 7 von 10 Jahren
- in der Mitte Deutschlands in 7 von 10 Jahren
- in Süddeutschland in 8 von 10 Jahren

**„Wie der Dezember pfeift,
so tanzt der Juni."**

**„Wie der Dezember, so der Lenz."**

Diese Wetterregeln wagen einen sehr weiten Ausblick über ein halbes Jahr. Sie wurde von uns mit erheblicher Skepsis betrachtet. Aber tatsächlich: Fällt der Dezember zu warm aus, ist auch in zwei von drei Jahren ein zu warmes Frühjahr zu erwarten. Auch zum Juni gibt es eine schwache statistische Verbindung: Ist der Dezember sehr kalt, fällt der Juni meist deutlich zu warm aus. Bei Mittelwerten von unter 0 °C in Ost- und Süddeutschland im Dezember können in zwei von drei Jahren zu warme Junitage erwartet werden. Bei der Regenmenge gibt es keinen Zusammenhang zwischen Dezember und Juni.

**Stimmt für Teile Deutschlands!**
Temperaturaufzeichnungen belegen es:
- diese Regel gilt in Norddeutschland in 6 von 10 Jahren
- in Ostdeutschland in 7 von 10 Jahren
- in Westdeutschland in 6 von 10 Jahren
- in der Mitte Deutschlands in 6 von 10 Jahren
- und im Süden in 7 von 10 Jahren

Wind N Wolken

# Bauernregeln zu Wind und Wolken, Himmelsfarben und Niederschlägen

Wetterregeln versuchen Vorhersagen zu erstellen, die auf der aktuellen Beobachtung des Wetters, der Farben des Himmels usw. basieren. Alle Zeichen der Veränderung, insbesondere der Himmelsbilder zusammen mit den Wolken, werden betrachtet und interpretiert. Dabei zeigen sich typische Muster der Veränderung, die ein aufmerksamer Beobachter zur Wettervorhersage nutzen kann.

**„Das Wetter erkennt man am Winde,
wie den Herrn am Gesinde."**
Bauernregeln nutzten schon früh den Wind, um
Aussagen über das Wetter zu machen. Sehr bekannt
sind die folgenden Bauernregeln zu den Windrichtungen:

**„Ostwind bringt Heuwetter."**
Besonders im Sommer sind zur Erntezeit Ostwinde
beliebt, da diese trockenes und schönes Wetter versprechen und somit das Heu trocken in die Scheu-
nen gelangen kann. Nichts ist schlimmer für den
Bauern als schimmelndes Gras.

**„Westwind bringt Krautwetter."**
Westwinde bringen Regen. Wechselhaftes, mildes
Regenwetter lässt die Natur aufblühen. Ein Tief
nach dem anderen zieht von Westen heran und
bringt Regen und Sonnenschein im Wechsel.

**„Südwind bringt Hagelwetter."**
Sehr warme Luft wird in Mitteleuropa mit südli-
chen Winden durch Tiefdruckgebiete nach Norden
transportiert. Kurz bevor die Hitze durch Schauer
und Gewitterstürme mit gefürchtetem Hagel been-
det wird, herrschen noch südliche Winde.

**„Nordwind bringt Hundewetter."**
„Hundewetter" ist schlechtes Wetter. Nordwinde
bringen zu fast jeder Jahreszeit kalte, polare Luft-
massen mit Regen- oder Schneeschauern im Winter.
An diesen Tagen schickt man nicht einmal einen
Hund vor die Tür.

In der Tat lässt sich aus der Beobachtung der Windrichtung an einem Ort, beobachtet über einen oder
besser mehrere Tage, zusammen mit der Jahreszeit
der Wetterablauf für die eigene Region recht gut
abschätzen.

Windströmungen entstehen durch Luftdruckunter-
schiede, die sich wiederum aus globalen und lokalen
Temperaturunterschieden ergeben. Alle Energie
geht dabei auf die global und lokal unterschiedlich
starke Sonneneinstrahlung zurück. Das Grundprin-
zip der thermischen Zirkulation ist recht einfach.
Die Kontinente und die Meere erwärmen sich unterschiedlich. Wärmere Luft hat eine geringere Dichte
und steigt auf. Der Luftdruck sinkt am Boden über
der warmen Stelle ab. An kälteren Stellen ist der
Luftdruck erhöht. Eine Strömung entsteht vom
höheren zum tieferen Luftdruck.

Auf den beiden folgenden Seiten finden Sie die
moderne meteorologische Abschätzung des Wetters
für Deutschland je nach Windrichtung und Jahreszeit. Aber Achtung, eine gute Vorhersage setzt mindestens eine Beobachtung des Windes von einem,
besser zwei Tagen, voraus.

| | Frühling | Sommer |
|---|---|---|
| Nordwind | recht kühl, viel Sonne, locker bewölkte Nächte, Neigung zu Nebel, ansonsten eher trocken | Wetter insgesamt kühl, teils Sonne, teils Wolken, wenig Regen, Nächte mäßig kalt |
| Nordostwind | kalt, meist sonnig, wenig Niederschläge, Neigung zu Nebel | Wetter weniger wechselhaft, für die Jahreszeit zu kalte Temperaturen, Nächte besonders am Sommerbeginn noch empfindlich kalt |
| Ostwind | für die Jahreszeit viel zu kalt, trockene und klare Luft am Tag und in der Nacht, in klaren Nächten empfindlich niedrige Temperaturen | Temperaturen etwas überdurchschnittlich, häufig viel Sonnenschein, aber auch erhöhte Gewitterneigung |
| Südostwind | für die Jahreszeit übliche Temperaturen, wechselnd bewölkt, mäßige Niederschlagsmengen | warme Temperaturen, Wetter leicht unbeständig, mäßige Regenschauer und Gewitteraktivität |
| Südwind | vergleichsweise mild, dichtere Bewölkung, erhöhte Niederschlagsmengen | Temperaturen deutlich erhöht, teils schwül, Regenschauer und Gewitter mit teils erheblichen Niederschlagsmengen |
| Südwestwind | sprunghafter Temperaturanstieg auf frühsommerliche Temperaturen, viel Sonne, teils Regenschauer | heiß, schwül, viel Sonne, aber auch Regenschauer und Gewitter, teils mit Hagel, möglich |
| Westwind | wechselhaftes Wetter mit teils Sonnenschein, teils Regen und Regenschauern, teils Graupelschauern, Temperaturen durchschnittlich oder etwas unterdurchschnittlich | Temperaturen der Jahreszeit entsprechend oder etwas erhöht, Wetter häufig wechselhaft, Regenschauer und Gewitter, Hagelschauer eher selten |
| Nordwestwind | Temperaturen häufig zu kühl, häufig Niederschläge, Nebelbildung, Nächte nicht mehr ganz so kalt. | Temperaturen leicht unter dem Durchschnitt der Jahreszeit, wechselhaftes Wetter mit Regenschauern, teils auch Gewittern |

| Herbst | Winter | |
|---|---|---|
| Temperaturen nur leicht unterdurchschnittlich, wenig Niederschläge, teils Sonne, teils Wolken | Temperaturen kalt, teils wechselnd bewölkt, teils Sonne, mäßige Niederschlagsaktivität | Nordwind |
| Temperaturen der Jahreszeit entsprechend, viel Sonne, wenig Niederschläge | Temperaturen deutlich unter dem Durchschnitt der Jahreszeit, häufig locker bewölkt, kaum Niederschläge | Nordostwind |
| Temperaturen tagsüber leicht überdurchschnittlich, Nächte bereits sehr kühl, überwiegend lockere Wolkenfelder, starke Neigung zu teils zähem Hochnebel | Wetter insgesamt klar und kalt, strenger Frost, in den Nächten sehr strenger Frost, trocken | Ostwind |
| Temperaturen für die Jahreszeit etwas zu hoch, mäßige Niederschlagsaktivität, teils Sonne, teils Wolken | mäßig kalt, teils kräftige Schneefälle, teils sonnige Abschnitte | Südostwind |
| warme Tagestemperaturen, Nächte vergleichsweise mild, teils leicht wechselhaft, Neigung zu Hochnebel | Temperaturen auf durchschnittlichem Niveau oder leicht darüber, erhöhte Niederschlagsaktivität, meist noch als Schnee | Südwind |
| Temperaturen teils nochmals recht hoch, viel Sonne, teils einige Regenschauer | Temperaturen für die Jahreszeit zu warm, teils Sonne, teils Regen, seltener Schneeschauer, häufig auch Tauwetter bis in Gipfellagen | Südwestwind |
| Temperaturen überwiegend der Jahreszeit entsprechend, häufig Wechsel von sonnigen und bewölkten Abschnitten, erhöhte Nebelneigung | Temperaturen leicht über dem Durchschnitt, Wetter sehr wechselhaft, erhöhte Gefahr von schweren Stürmen | Westwind |
| Temperaturen leicht unterdurchschnittlich, Wetter wechselhaft, erhöhte Nebelneigung | Temperaturen leicht zu niedrig, teils kräftige Regen- und Schneeschauer, Wetter insgesamt wechselhaft, häufiger Stürme, teils schwere Orkane möglich | Nordwestwind |

Die folgenden Bauernregeln bringen sehr schön die
Abhängigkeit der Regenwahrscheinlichkeit von der
Windrichtung zum Ausdruck:

*„Wind vom Niedergang (Sonnenuntergang – also
Westen) ist des Regens Anfang.
Wind vom Aufgang (Sonnenaufgang – also Osten)
ist schönen Wetters Anfang."*

*„Winde, die sich mit der Sonne erheben und legen,
bringen selten Regen."*

Ist es nachts windschwach oder gar windstill und
nur tagsüber ein leichter Wind bei Sonnenschein zu
spüren, dann spricht das für einen durch Sonneneinstrahlung ausgelösten Wind. Die Erdoberfläche
heizt sich auf und die darüberliegende Luft transportiert die Wärme in höhere Luftschichten.
Durch unterschiedlich starke Erwärmung der Erdoberfläche und den turbulenten Transport der
Wärme durch Luftblasen nach oben kommt es zu
dem „Sonnenwind" tagsüber, der abends mit der
Sonne schlafen geht. Zeigt sich der „Sonnenwind"
nicht, dann bestimmt ein Tiefdruckgebiet das Wetter und lässt seine eigenen Winde wehen, die meist
wechselhaftes Wetter bringen.

**„Auf den Bergen geht der Wind heftiger als im Tal."**
Vollkommen richtig. Mit der Höhe nimmt die Windgeschwindigkeit zu. Dies liegt hauptsächlich an der
fehlenden Reibung an der Erdoberfläche in der
Höhe. Insbesondere auf den untersten Metern zum
Boden nimmt die mittlere Windgeschwindigkeit
recht schnell zu. Auf den hohen Bergen kann die
Luft fast ungestört fließen und dementsprechend
stark ist der Wind. Über dem Meer beginnt die
unbeeinflusste Strömung in ca. 500 m Höhe, im Bin-
nenland in ca. 1500 m Höhe.

**„Ziehen die Wolken dem Wind entgegen,
gibt es am anderen Tag Regen."**
Deutlich wird an so einer Situation, dass am Boden
und in der Höhe, in der die Wolken ziehen, zwei
unterschiedliche Windrichtungen herrschen. Dies
ist ein ziemlich sicheres Zeichen für einen Wetterwechsel, wenn in der Höhe schon die Winde des
herannahenden Tiefs wehen, während am Boden
noch die Windrichtung des sich auflösenden Hochs
bestimmend ist.

Mit sehr hoher Wahrscheinlichkeit gibt es in den
nächsten 24 bis 48 Stunden dann zumindest zeit-
weise Regen und einen anderen Wettercharakter.
Die Beobachtung von unterschiedlichen Windrichtungen am Boden und in der Höhe erfordert Auf-
merksamkeit. Insbesondere Wolken in verschiedenen Höhen machen die Beobachtung einfacher.

*„Je schöner und länger die Wolkenformationen
am Himmel stehen,
desto langsamer wird das folgende schlechte Wetter
gehen."*

Ähnlich wie am Wind erkennt der erfahrene Wetter-
beobachter bestimmte Zeichen am Himmel, die auf
eine Wetteränderung hindeuten. Insbesondere hohe
Wolken verraten oft schon hunderte Kilometer vor
dem eigentlichen Schlechtwetterereignis die sich
nahende Wetteränderung. Hohe und mittelhohe
Wolken werden als das „Frühwarnsystem" der
Atmosphäre bezeichnet.

Als Schlechtwetterzeichen gilt generell: Je turbulen-
ter und chaotischer der Himmel aussieht, desto eher
folgt Schlechtwetter. Wolken in allen Höhen und in
unterschiedlichen Formationen sind ein sicheres
Zeichen für einen Wetterwechsel oder für eine insgesamt wechselhafte Lage.

Schönste Formationen am Himmel entstehen durch
mehr oder weniger chaotische Turbulenzen in der
Luft, denen Wetterfronten und Gewitterlinien
vorausgehen. Daher gilt auch: Je schöner der Himmel mit seinen Wolken anzusehen ist, desto vor-
sichtiger sollte die Wetterentwicklung beobachtet
werden.

**„Je weißer die Schäfchen am Himmel gehen, desto
länger bleibt das Wetter schön."**
Tatsächlich sind weiße Schäfchenwolken, die sich
weder verdichten noch in mehreren Schichten aufziehen, ein Gutwetterzeichen. Besonders, wenn zwischen den Wolken große Lücken bestehen. Häufig
tummeln sich diese Schäfchenwolken hinter den
Warmfronten der Tiefdruckgebiete. Ein neues Hoch
baut sich dann auf und bringt über Tage schönes
Wetter. Aber Achtung: Schäfchenwolken in verschiedenen Schichten, die rasch von Westen oder Norden
her an Stärke zunehmen, bringen schlechtes Wetter.

**„Weiße Wolken befeuchten die Erde nicht."**
Weiße Wolken sind meist nur klein. Sie schlucken
nur wenig Sonnenlicht. Die Anzahl der Wolken-
tröpfchen oder Eiskristalle reicht nicht zur Regenbildung aus. Ganz im Gegensatz zu den vertikal
mächtigen, dunklen und großen Wolken.

**„Dunkle Wolken künden Regen.
Schwarze Wolken – schwere Gewitter."**
Die Wolkenfarbe zeigt an, wie mächtig die Wolken
sind. Je größer die vertikale Ausdehnung der Wolken ist, desto mehr Sonnenlicht schlucken sie und
umso mehr Wassertröpfchen enthalten sie. Je mehr
Tröpfchen in der Wolke vorhanden sind, desto mehr
Regen können sie bilden. Die Farbe der Wolken ist
daher immer ein recht sicheres Zeichen für kräftigen Regen. Im Hochsommer sind sie oft sehr grau
oder gar schwarz am Himmel zu entdecken.
Ein dicht bewölkter Himmel, der jede Stunde grauer
wird, ist meist ein typisches Zeichen für lang anhal-
tenden Regen oder Schneefall.

**„Wenn die Wolken regnen, so senken sie sich."**
Typisch für den Durchzug eines Tiefdruckgebietes
oder einer Warmfront ist das Absenken der Wolken-
untergrenze. Von den über 7 bis 10 km hohen Cirren (siehe Seite 2) bis zur milchigen, mittelhohen
Wolkenschicht, aus der es noch nicht regnet, über
die tiefen Regenwolken (Nimbostratus) erfolgt der
Schlechtwetteraufzug.

Lang anhaltender Regen fällt nur aus Wolken, die
fast bis zum Boden reichen. Insbesondere lange
anhaltender Landregen fällt nur aus tiefen Wolken.

**„Wenn der Himmel gezupfter Wolle gleicht,**
**das schöne Wetter bald dem Regen weicht."**
Eine sehr wichtige Beobachtung. Mittelhohe Wolken
nehmen vor Tiefdruckgebieten Formen an, die wie
unordentliche Wollknäuel aussehen. Ziehen diese
aus ungefähr westlichen Richtungen auf und verdichten sich, ist bald mit Regen zu rechnen. Die
Regenwahrscheinlichkeit innerhalb der nächsten
48 Stunden beträgt deutlich über 80 %.

**„Der Regen fällt nicht aus den tiefsten Wolken."**
Auch diese Beobachtung ist richtig. Der Regenbil-
dungsprozess findet nicht in den untersten hundert
Metern der Wolken statt, sondern viele Kilometer
darüber. Aus großen Regenwolken fällt der Regen
aus einer hohen Regenwolkenschicht. Der Prozess
der Regenbildung ist recht kompliziert und nur
Sprühregen kann aus wenige hundert Meter hohen
Wolkenfeldern entstehen. Großtropfiger Regen setzt
Eiswolken in über 5 km Höhe voraus, so dass die
Wolkenschichten bei einem Landregen durchaus
5 km dick werden können.

„**Wenn die Sonne scheint sehr bleich,
ist die Luft an Regen reich.**"

Das ist richtig. Eine milchig weiße Sonne ist ein Zeichen für ein aufziehendes Tiefdruckgebiet mit viel Wasserdampf. In den nächsten Tagen folgt Regen. Zumeist wirkt der ganze Himmel milchig bleich, was an den mit aufziehenden hohen Cirruswolken liegt. Hohe Cirruswolken, die rasch aus Südwest oder West aufziehen, bringen in vier von fünf Fällen innerhalb von 24 Stunden Regen.

Nicht als Bauernregeln formuliert sind folgende Wolkenbeobachtungen, die sich aber sehr gut für die Wettervorhersage eignen:

### Rosa Cirren bei Sonnenuntergang

Wenn keine anderen Wolken vorhanden sind, versprechen rosa Cirren (siehe Seite 2) bei Sonnenuntergang ein beständiges und gutes Wetter. Aber Achtung: Zarte Rotfärbung hoher Wolken und gleichzeitig tiefe, schwarze Wolken, die nicht mehr von der Sonne beschienen werden, bedeuten mit hoher Wahrscheinlichkeit einen Wetterumschlag. Nach eigener Untersuchung folgt in drei von vier Fällen Regen in den nächsten 24 Stunden.

### Mehrere Wolkenschichten

Liegen Wolken in verschiedenen Schichten übereinander, ist dies ein recht sicheres Regenanzeichen.

### Auffällig tiefblauer Himmel und sehr gute Sicht

Meist ein Zeichen für wechselhaftes Wetter. Das nächste Tief kommt schon heran.

## „Geht die Sonne feurig auf,
## folgen Regen und Wind darauf."

Auffällige Verfärbungen des Himmels haben schon
immer Interesse hervorgerufen. In der Geschichte
der Menschheit galten viele seltene Phänomene als
schlechte göttliche Vorboten. Zahlreiche Bauernregeln beschäftigen sich daher mit den verschiedenen
Verfärbungen des Himmels.

Am eindrucksvollsten ist sicherlich das Himmels-
schauspiel bei Sonnenauf- und -untergang. Da tagsüber das Sonnenlicht einen sehr kurzen Weg durch
die Atmosphäre nimmt, wird nur der blaue Anteil
des Lichtes gestreut und die Himmelskuppel erscheint blau. Das Sonnenlicht erscheint gelblich-
weiß.

Bei Sonnenauf- und -untergang ist der Weg des Sonnenlichtes wesentlich weiter. Das Licht dringt durch
die niedrige, dichtere und partikelreiche Atmosphäre und es überwiegen die gelben und roten
Farbtöne. Insbesondere Feuchtigkeit streut und
schluckt das Sonnenlicht, so dass in einer feuchten
Luftmasse die Rotfärbung stärker ist als in einer
trockenen Luftmasse.

## „Morgenrot – Schlechtwetterbot"

Ein deutliches Morgenrot ist tatsächlich ein Zeichen
für einen bevorstehenden Wetterwechsel.
Das Morgenrot ist ein Schlechtwetterzeichen, da die
Sonne im Osten aufgeht und durch gering bewölkte,
aber feuchte Luftschichten auf die aufziehende
Bewölkung im Westen scheint. Da der Weg für die

Sonnenstrahlen weit ist, werden die blauen Anteile des Lichts herausgefiltert. Übrig bleiben, insbesondere in feuchter Luft, die roten Strahlen. Diese zeigen sich dann schön an den von Westen her aufziehenden Wolken.

Ein kräftiges Rot am Morgen und hohe und mittelhohe von Westen aufziehende Bewölkung haben im Winter sogar zu 90 % Regen oder Schnee innerhalb der der nächsten zwölf Stunden zur Folge!

### „Abendrot – Gutwetterbot"

Es ist doch zunächst verwunderlich, dass das Morgenrot ein Schlecht- und das Abendrot ein Gutwetterzeichen ist. Verständlich wird das erst, wenn man bedenkt, dass die Sonne am Abend von Westen her scheint – also kein Tief mit Wolken die Sonneneinstrahlung schlucken kann. Auch Gewittertätigkeit oder Schauer sind nicht zu erwarten, denn die bodennahe Feuchtigkeit setzt sich am Boden ab. Trat allerdings nach einem Regentag ein starkes Abendrot an tiefen oder mittelhohen Wolken auf, hatten wir am Folgetag keinen einzigen Regentropfen zu erwarten (15 Fälle in einem Jahr). Ist das Wetter schlecht gewesen, ist ein deutliches Abendrot tatsächlich ein recht sicheres Schönwetterzeichen. Die Sonnenstrahlen scheinen auf die noch vorhandenen abziehenden Wolken im Süden oder Osten und der Weg für eine Wetterbesserung ist frei.

**„Grauer Himmel am Morgen**
**bedeutet nicht unbedingt Schlechtwetter."**
Sie werden staunen, aber die Wahrscheinlichkeit für
besseres Wetter im Tagesverlauf ist bei grau verhan-
genem Himmel höher als bei einem wolkenlosen
Morgenhimmel. Dies liegt daran, dass in Mitteleuropa die Wahrscheinlichkeit für einen Wetterwechsel recht hoch ist, also das Blau des Morgens schnell
in ein Grau am Nachmittag übergeht.

**„Regenbogen am Abend ist dem Schäfer labend.**
**Regenbogen am Morgen macht dem Schäfer Sorgen."**
Ein Regenbogen entsteht durch die Zerlegung des
sichtbaren Sonnenlichtes durch viele Regentropfen
in seine Spektralfarben. Die Sonne darf dabei nicht
zu hoch am Himmel stehen, sonst bleibt er unsicht-
bar. Je größer die Regentropfen sind, desto deutli-
cher treten die Farben des Regenbogens hervor. Der
Regenbogen kann zur weiteren Wettervorhersage
genutzt werden.
Zeigt sich ein Regenbogen am Abend, dann scheint
die tief stehende Sonne von Westen her in die abzie-
hende Schauerwolke hinein. Es besteht daher eine
recht gute Chance, dass kein weiterer Schauer am
Abend oder in der Nacht folgt.
Morgens scheint die Sonne von Osten aus in die
aufziehende Schauerbewölkung im Westen. Regen
steht also kurz bevor.

**Hellgelbe Färbung des Himmels oder blassgelbe**
**Wolken am Abend**
Dies wird als Warnung vor starkem Wind verstan-
den. Meist zieht ein Sturmtief von Westen her auf.

„Gibt Ring oder Hof sich Sonne und Mond,
bald Regen und Wind uns nicht verschont."
„Ist der Ring nahe Sonne oder Mond,
uns der Regen verschont;
ist der Ring aber weit,
hat er Regen im Geleit."

Haloringe (Lichtringe) um die Sonne entstehen,
wenn das Sonnenlicht in den Eiswolken mehrfach
gebrochen wird und somit die Spektralfarben auf-
gefächert werden. Vorraussetzung sind somit hohe
Wolken, zumeist Cirrostratuswolken, die häufig die
ersten Vorläuferwolken eines nahenden Tiefs dar-
stellen, welches meist von Westen kommt. Lichtringe um Sonne und Mond gelten seit der Antike als
Wetterwarnzeichen.

In acht von neun Fällen folgte der Beobachtung von
deutlichen Haloerscheinungen am nächsten oder
übernächsten Tag Regen. In allen Fällen waren Tiefdruckgebiete wetterbestimmend.

„Bei Vollmond sind die Nächte kalt."
„Ist der Himmel voller Sterne,
ist die Nacht voll Kälte gerne."

Sind Vollmond oder Sterne klar und deutlich in
der Nacht zu sehen, dann strahlt die bodennahe
Atmosphäre viel Wärme in den Weltraum aus. Die
Gase der Luftschicht im Treibhaus Erde strahlen
nur einen Teil wieder zurück, so dass es bei wolken-
losem Himmel rasch kühl wird. Die Nachttempera-
turen sind dann mit höherer Wahrscheinlichkeit
kühl oder im Winter auch kalt.

*„Sind abends Nebel zu schauen,*
*wird die Luft anhaltend schönes Wetter bauen."*
Nebel ist eine auf dem Boden liegende Wolke. Der
Wasserdampf kondensiert in Bodennähe und bildet
Milliarden von kleinsten Wassertröpfchen.
Bilden sich in den Abendstunden flache Nebelfelder,
deutet dies in vielen Fällen auf einen weiteren Be-
stand der ruhigen Wetterlage hin. Voraussetzung
für die Nebelbildung ist nämlich, dass der Wind
schwach ist und keine Wolken vorhanden sind.

*„Steigt der Nebel empor, steht Regen bevor."*
Löst sich der Nebel im Tagesverlauf nicht auf, sondern hebt sich nur etwas, dann ist Vorsicht geboten.
Regenwolken können über dem Nebel aufgezogen
sein. Regentropfen entstehen ebenfalls durch Kon-
densation. Aufsteigende Luftpakete voller Feuchtigkeit, wie der Nebel, lassen auch mächtigere Wolken
entstehen. Durch Zusammenlagerung von Tröpfchen kann Sprühregen oder leichter Regen aus der
grauen Wolkenmasse entstehen.

*„Wenn der Nebel sich selber nässt,*
*dann gibt es ungemütliches Wetter."*
Sprühregen oder Regen aus dem Nebel heraus
bedeutet, dass die Nebelschicht dicker ist und sich
dynamisch verändert oder unter Tiefdruckeinfluss
entstanden ist. Das Wetter bleibt dann länger
schlecht. Großtropfiger Regen entsteht allerdings in
höheren und mächtigeren Wolken, in denen es kälter ist. Hier müssen auch Eiskristalle vorkommen.
Diese wachsen auf Kosten der Wassertröpfchen und
fallen als große Regentropfen zu Boden.

„Geht der Nebel in die Höhe, dann gibt es Regen.
Bleibt er am Boden, gibt es schönes Wetter."
Wird der Nebel zu Boden gedrückt, besteht eine
große Chance, dass er sich auflöst – gerade im frühen Herbst oder im späteren Frühjahr. Im Hochwinter kann sich der Nebel manchmal tagelang halten.

„Wenn der Regen im Wasser Blasen wirft,
gibt es noch viel Regen."
Meist sind damit Gewitter- und Schauerregen
gemeint. Regnet es sehr stark, kann es zur Blasen-
bildung in einer Pfütze kommen. Diese Regenfälle
sind kurz, aber sehr heftig. Meist dauert die Regen-
periode lange an.

„Soll die Frucht gedeihen,
muss es tüchtig schneien."
Eine gute Schneedecke als Frostschutz für die Böden
ist von den Bauern immer gerne gesehen. Die Bauern fürchten die Frosthebung, wenn die gefrorene
Bodenschicht durch zuströmenden Wasserdampf
von unten her angehoben wird und sich hebt. Die
im Boden ruhenden Winterpflanzen können durch
die Hebung zerrissen werden. Eine Schneedecke
verhindert diesen Prozess.

„Schneit es klein klein, dann friert es Stein und Bein;
schneit es wie Wolle, dann wird die Kälte nicht volle."
Diese Bauernregel betrachtet die Größe der Schnee-
flocken und schließt daraus, wie viel Schnee zu
erwarten ist. Bei kleinen Flocken ist es eher tro-
cken-kalte Luft, die das Wetter bestimmt. Bei feuchter, wärmerer Luft fallen eher große, dicke Flocken.

Nachts kühlt sich bei geringer Bewölkung der Erd-
boden stark ab. Ist die Abkühlung so stark, dass der
Wasserdampf nicht mehr in der Luft gehalten wer-
den kann, bilden sich bei Temperaturen über 0 °C
Tautropfen, bei Temperaturen unter 0 °C gibt es
Reif. Dabei bilden sich an den Oberflächen des
Bodens aus dem Wasserdampf heraus Eiskristalle.

### „Viel Morgentau macht den Himmel blau."

Statistisch lässt sich diese Bauernregel bestätigen.
Je größer die Taumenge ist, desto geringer die
Regenwahrscheinlichkeit am Tag. Tau bildet sich
überwiegend in ruhigen, klaren Nächten unter
Hochdruckeinfluss. Allerdings gibt es nur sehr
wenige Nächte vollständig ohne Tau und Reif. In
diesen Nächten bestimmt dann ein Tiefdruckgebiet
das Wetter in den nächsten Tagen.

### „Wenn am Morgen kein Tau gelegen, warte bis zum Abend auf sicheren Regen."

Entsteht in einer Nacht kein Tau, dann gibt das
schon einen Hinweis auf das kommende Wetter.
Wind und Wolken haben in der Nacht die Taubil-
dung verhindert. Mit hoher Wahrscheinlichkeit bestimmt ein Tiefdruckgebiet das Wettergeschehen.
Die Regenwahrscheinlichkeit ist somit deutlich
erhöht.
Allerdings ist die Regel nicht besonders sicher, denn
klart es in der Nacht zwischen zwei Tiefdruckgebieten kurz auf, kann sich sofort viel Tau bilden und
trotzdem regnet es am folgenden Nachmittag durch
die Bewölkung des neuen Tiefs. Hinzu kommt, dass
es in fast jeder nicht ganz wolkigen Nacht zumindest etwas Tau gibt.

## „Große Hitze bringt große Unwetter."

An besonders heißen Tagen mit starker Sonneneinstrahlung sind Gewitter und Unwetter keine Selten-
heit. Schwere Gewitter entstehen fast ausnahmslos
im Sommer nach großer Hitze, wenn Meeresluft von
Westen her auf die aufgeheizte kontinentale Luft
trifft. Besonders am späten Nachmittag und am
Abend entladen sich dann heftigste Gewitter.

## „Wo das erste Gewitter hinzieht, ziehen auch die anderen hin."

Dies lässt sich so einfach nicht bestätigen. Gewitterzellen ziehen häufig hintereinander in eine ähnliche
Richtung mit dem Höhenwind. Insgesamt sind die
Prozesse bei der Gewitterentstehung aber kompliziert und voller Überraschungen. Seit dem Jahrtau-
sendwechsel werden durch die flächendeckende
Radarüberwachung Gewitterzellen in ganz Deutschland beobachtet, wodurch man einen viel tieferen
Einblick in die Gewitterdynamik gewinnt.

## „Wetter die langsam ziehen, schlagen am schwersten."

Diese Beobachtung ist richtig. Bei starkem Wind
ziehen die Schauer- und Gewitterwolken rasch über
das betroffene Gebiet hinweg. Die Regenfälle kommen schnell heran, hören aber auch schnell auf. Bei
einer schwachen Strömung können die Gewitter
und Schauer über Stunden oder sogar Tage toben
und Sturzfluten verursachen.

Achten Sie bei Gewitter auf schmutzig gelbe Wolken! Daraus fällt zumeist Hagel oder sehr starker
Regen. Das Unwetterpotenzial ist auf jeden Fall
erhöht.

### „Ein Blitz trifft mehr Bäume als Grashalme."

Bäume, insbesondere freistehende, werden bevorzugt vom Blitz getroffen. Alle hoch hinausragenden, nicht geerdeten Gegenstände beeinflussen das elektrische Feld dahingehend, dass in sie bevorzugt der Blitz einschlägt. In so manchen Radio- oder Fernsehturm schlägt der Blitz während eines heftigen Gewitters mehrfach hintereinander ein. Mit ein bis zwei Blitzen pro Quadratkilometer pro Jahr muss man rechnen.

### „Hohe Häuser trifft der Blitz am häufigsten."

Die höchsten Stellen werden am häufigsten vom Blitz getroffen. Alles, was frei und hoch in die Luft ragt, also vor allem Bäume, Masten und Türme, sind Ziele. Im Empire State Building in New York schlägt jährlich etwa 25 Mal ein Blitz ein. Auf dem Schweizer Säntis (2500 m hoch) sind es 400 Einschläge pro Jahr.

### „Eichen sollst du weichen, Buchen sollst du suchen."

In verschiedenen Variationen gibt es Bauernregeln zu den Baumarten. Im Prinzip sind sie alle falsch, denn jeder Baum stellt aufgrund seiner Höhe ein gutes Einschlagsziel dar. Allerdings kann es durchaus Unterschiede in der Einschlagswahrscheinlichkeit einzelner Baumtypen geben, da zum Beispiel Eichen häufiger alleine stehen und Buchen oft in Gruppen. Aber bitte daran denken: Alle Bäume sind gefährlich – unabhängig von der Art.

# Nachwort

**Warum Bauernregeln oft mehr können als die
moderne langfristige Wettervorherssage**
Auch die moderne Meteorologie befasst sich immer
wieder mit dem Problem der langfristigen Vorhersage. Statistische Verfahren, die viele Millionen
Daten aus der Atmosphäre und den Meeren verar-
beiten, bilden bis heute die Grundlage der meisten
modernen Vorhersagen. So spielen die Wassertemperaturen des Indischen Ozeans bei der Stärke des
Monsuns in Indien und Pakistan eine große Rolle.
Wenige Zehntel höhere Wassertemperaturen im
Indischen Ozean verursachen deutlich stärkere
Monsunniederschläge am Rande des Himalaya.
Für Europa ist der Golfstrom entscheidend. Ist
der Golfstrom etwas schwächer, wird also weniger
Wärme nach Nordosten transportiert, bilden sich
auch das Tief über Island und des Hoch über den
Azoren schwächer aus. Der milde Westwind ist
schwächer. Besonders die Winter in Europa werden
dann kälter. Ist der Golfstrom stärker, werden auch
die Westwinde stärker wehen. Es ist im Winter milder und es regnet häufiger. Auch die Hochwasser-
gefahr an den großen Flüssen in Mitteleuropa ist
dann größer.
Da die Datengrundlage und die Rechnerausstattung
heute hervorragend sind, kann man mit Hilfe von
Statistiken recht erfolgreich Vorhersagen erstellen.
Vorhersagen für die nächsten drei bis vier Monate
sind möglich. Die Erfolgswahrscheinlichkeiten
schwanken je nach Jahreszeit zwischen 55 % und
78 % bei der Analyse, ob es zu feucht, zu trocken, zu

warm oder zu kalt wird. Eine Vorhersage für einen konkreten Tag in drei oder vier Wochen ist aber unmöglich.

Es ist zu vermuten, dass es Tagesvorhersagen auch in absehbarer Zukunft nicht geben wird. Es wird immer wieder Grenzen der Vorhersagbarkeit geben, was an Fehlern im Anfangszustand liegt. Beim Start der Berechnung sorgen kleine Fehler für letztendlich falsche Vorhersagen nach ein paar Tagen. Nur weil ein Tief vielleicht 20 km weiter nördlich angenommen wird, als es tatsächlich liegt, ist die Wetterlage eine Woche später ganz anders. Dies wird auch in Zukunft nicht ganz zu vermeiden sein. Andererseits wird das Wissen um die Zusammenhänge zwischen Ozean, Troposphäre (Wetterschicht bis zu 15 km Höhe) und Stratosphäre (Wetterschicht in 15 bis 50 km Höhe) wachsen. Auch die Rolle der Sonnenaktivität wird besser verstanden werden. Vermutlich werden Jahreszeitvorhersagen in Europa noch in diesem Jahrhundert zum Standard werden. Wie der Sommer wird, ob nasskalt oder heiß, wird man in Zukunft mit hoher Wahrscheinlichkeit schon vorher wissen.

Bauernregeln haben in ganz vielen Fällen eine erhebliche Trefferquote. Anhand der Wetterregeln können Sie bei genauer Beobachtung des Himmels eigene Prognosen über die kurzfristige Wetterentwicklung anstellen. Aussagen im Zeitraum über zwei bis zehn Tage machen die meisten Bauernregeln nicht, da die Himmelszeichen dafür nicht eindeutig genug sind. Da helfen die modernen Computerprogramme. Bei den langfristigen Vorhersagen sind die Bauernregeln jedoch mehr oder weniger konkurrenzlos.

# Autorenvita

Der am 25.5.1973 geborene Karsten Brandt fing schon als Kind an, sich für das Wetter zu interessieren. Besonders reizte ihn, das Wetter von morgen selber vorherzusagen – also mehr zu wissen als andere. Insbesondere den Mädchen konnte man so imponieren. Es folgte der Aufbau einer eigenen Wetterstation mit 12 Jahren. Mit den an der Station gewonnenen Daten nahm er mehrfach erfolgreich bei „Schüler experimentieren" und „Jugend forscht" teil. Noch während der Schulzeit verkaufte er Wetterberichte für Radiosender, Zeitungen und Winterdienste.

1996 gründete er den Internetwetterdienst www.donnerwetter.de – es war einer der ersten privaten Internetwetterdienste Deutschlands. Karsten Brandt hat mehrere Studienabschlüsse erworben. 2001 wurde er an der Fernuniversität Hagen Diplom-Kaufmann, 2004 folgte ein Abschluss in Geschichte und Politik und 2007 promovierte er in Klimatologie an der Uni Essen. Derzeit ist er als Geschäftsführer für Donnerwetter.de tätig, berät Unternehmen in Klimafragen und arbeitet ehrenamtlich als Handelsrichter am Landgericht Bonn.

## Impressum

ISBN: 978-3-8094-4013-0

1. Auflage
© 2019 by Bassermann Verlag, einem Unternehmen der Verlagsgruppe
Random House GmbH, Neumarkter Straße 28, 81673 München

Projektleitung dieser Ausgabe: Dr. Iris Hahner
Umschlaggestaltung: Atelier Versen, Bad Aibling
Illustrationen: Renate Sandfoß (Verlagsarchiv)
Gestaltung und Satz: Johannes Steil, Hamburg
Herstellung: Elke Cramer

Verlagsgruppe Random House FSC® N001967

Druck: GGP Media GmbH, Pößneck

Printed in Germany

67427650211